悖论研究译丛

主编　陈波　张建军

守望者
The Catcher

悖论：
根源、范围及其消解
Paradoxes:
Their Roots, Range, and Resolution

[美]尼古拉斯·雷歇尔（Nicholas Rescher）著

赵震　徐召清　译

中国人民大学出版社
·北京·

本译丛系国家社会科学基金重大项目"广义逻辑悖论的历史发展、理论前沿与跨学科应用研究"（项目批准号：18ZDA031）的阶段性成果

关于本书

自古以来，悖论一直是人们尤其是哲学家非常关注的话题。本书介绍并讨论了已知的绝大多数悖论，比如：模糊性悖论、语义悖论、数学悖论、归纳悖论、决策悖论等。但本书的重点不是悖论史的梳理，而是方法论的探讨。本书提出了诸多一般性的方法，并应用它们来研究各种悖论问题。比如：把区分"真"与"可信性"作为悖论分析的工具，通过引入不一致的圈来区分简单悖论与复杂悖论，通过保留配置及优先性排序来比较评价不同的解悖方案并以此找到最佳解悖方案，通过有效识别要求来解决悖论，通过成功引入原则来处理语义悖论等。

关于作者

尼古拉斯·雷歇尔（Nicholas Rescher，1928— ），生于德国哈根，10 岁来到美国，22 岁获得美国匹兹堡大学哲学博士，现为匹兹堡大学杰出教授。曾任匹兹堡大学哲学系和匹兹堡大学科学哲学中心主任，国际科学哲学及科学史联合会秘书长，以及多个协会主席，如美国哲学协会、美国天主教哲学协会、美国莱布尼茨协会、美国皮尔士协会、美国形而上学协会。雷歇尔教授的研究兴趣几乎涵盖哲学各个领域，包括认识论、形而上学、价值论、社会哲学、逻辑学、科学哲学，以及哲学史。共发表超过300 篇学术论文，出版超过 100 部学术著作，其中多部著作被译为其他语言。曾获得三大洲八所高校的荣誉学位，以及众多学术奖项。

关于译者

赵震，1984 年生，河北沧州人，北京大学哲学博士，美国明尼苏达大学科学哲学中心（访问）博士后，现为安徽大学哲学系讲师。研究兴趣为真理论与各种悖论。主持国家社科基金青年项目 1 项，其他科研项目多项。合著、合译著作多部。发表学术论文和译文多篇。

徐召清，1985 年生，四川资阳人，北京大学哲学博士，现为四川大学哲学系副教授，硕士生导师，中国逻辑学会理事和中国知识论学会理事。曾为美国纽约市立大学和英国牛津大学访问学者。从事哲学逻辑、形式知识论和语言哲学研究。主持国家社科基金青年项目 1 项，其他科研项目多项。出版独立译著 1 部，合著、合译著作多部。在 *The Philosophical Forum*（A&HCI）、*Frontiers of Philosophy in China*、《世界哲学》、《自然辩证法研究》、《哲学门》、《湖北大学学报》、《哲学分析》和《河南社会科学》等期刊发表学术论文和译文 20 多篇，其中多篇被《人大复印报刊资料》全文转载。2019 年荣获四川大学"好未来"优秀学者二等奖和四川大学"五粮春"青年社科之星奖。

总　序

　　2014 年，北京大学出版社出版了我的两本悖论书：《悖论研究》和《思维魔方——让哲学家和数学家纠结的悖论》，后者是前者的通俗普及版。两本书都受到读者和图书市场的欢迎。《思维魔方》于 2016 年出了（小幅）修订版，《悖论研究》于 2017 年出了第 2 版。

　　在《悖论研究》中，我接受"悖论有程度之分"的说法，把"悖论"不太严格地按从低到高的悖论度分为以下六类：

　　（1）悖谬，直接地说，就是谬误。例如，苏格拉底关于结婚的两难推理、古希腊麦加拉派的"有角者"和"狗父"论证、墨家谈到的"以言为尽悖"，以及后人提出的赌徒谬误、小世界悖论，等等。

　　（2）一串可导致矛盾或矛盾等价式的推理过程，但很容易发现其中某个前提或某个预设为假。例如，鳄鱼悖论、国王和大公鸡悖论、守桥人悖论、堂吉诃德悖论、理发师悖论，等等。

　　（3）违反常识，不合直观，但隐含着深刻思想的"怪"命题。例如，芝诺悖论、苏格拉底悖论、半费之讼、幕后人悖论、厄特克里拉悖论、各种连锁悖论、有关数学无穷的各种悖论、邓析的"两可之说"、惠施的"历物之意"、辩者的"二十一事"、公孙龙的"白马非马"和"坚白相离"、庄子的吊诡之辞，等等。

　　（4）有深广的理论背景，具有很大挑战性的难题或谜题，它们对相应科学理论的发展有重大启示或促进作用。例如，休谟问题、康德的各种二律背反、弗雷格之谜、罗素的"非存在之谜"、克里普克的信念之谜、盖梯尔问题、囚徒困境，等等。

　　（5）一组信念或科学原理的相互冲突或矛盾，它们中的每一个都得到很强的支持，放弃其中任何一个都会导致很大的麻烦。例如，有关上帝的各种悖论、有些逻辑−集合论悖论、有些语义悖论、各种归纳悖论、许多认知悖论、许多合理决策和行动的悖论、绝大多数道德悖论，等等。

（6）由一个和一些命题导致的矛盾等价式：由假设它们成立可推出它们不成立，由假设它们不成立可推出它们成立，最典型的是罗素悖论；或者，由假设它们为真可推出它们为假，由假设它们为假可推出它们为真，最典型的是说谎者悖论和非自谓悖论。在这类悖论中，以逻辑−数学悖论和语义悖论居多。

为了与国际学术界保持一致，我对"悖论"秉持如下广义理解：

> 如果从看起来合理的前提出发，通过看起来有效的逻辑推导，得出了两个自相矛盾的命题或者这样两个命题的等价式，则称得出了悖论：（$p \rightarrow (q \wedge \neg q) \vee (q \leftrightarrow \neg q)$）。p 是一个悖论语句，这个推导过程构成一个悖论。

在我看来，悖论是思维中深层次的矛盾，并且是难解的矛盾。它们以触目惊心的形式向我们展示了：我们的看似合理、有效的"共识""前提""推理规则"在某些地方出了问题，我们思维中最基本的概念、原理、原则在某些地方潜藏着风险。悖论对人类的理智构成严重的挑战，并在人类的认知发展和科学发展中起重要作用。

总体而言，我对悖论持有如下几个基本看法：（1）很难找到为所有悖论所共有的统一结构，但某些类型的悖论或许有近似结构；（2）很难发现适用于所有悖论的一揽子悖论方案；（3）悖论要分类型解决，甚至个别地分析和解决；（4）不可能一劳永逸地解决所有悖论；（5）悖论意味着人类认知和思维的困境，它们几乎与人类的认知和思维同在。

基于以上认识，我主张，不要把太多精力花在试图一揽子或一劳永逸地解决所有悖论上，而要拉大悖论研究的视野，提升悖论研究的格局，全方面、多途径地推进中国的悖论研究，把悖论研究和教学的事情在中国做活、做火。具体来讲，关于悖论研究，我们可以做如下具体事情：

（1）对悖论的个例及其类型的完整把握：历史上已经提出了哪些悖论？大致有哪些类型？其中哪些已经获得初步解决？哪些尚待解决？最好

有一个相对完整的清单。

（2）对古人和前辈的悖论研究的准确理解：关于悖论研究，我们的古人和前辈已经做了哪些工作？提出了哪些独到的分析和解决方案？各自有什么优势和缺陷？在学术界的认可度和接受度如何？特别有必要厘清欧洲中世纪关于不可解问题的研究。

（3）作为中国学者，我们更有责任去厘清和研究中国古代文化中所提出的各种悖论，以及关于它们的解决方案。

（4）关于一些具体悖论甚至悖论总体，我们能够提出哪些独到的分析？发展出什么原创性的解悖方案？

（5）我们有必要全方位地开发悖论研究的价值：不仅探讨悖论的认知价值，特别是对科学发展的促进作用，还要注意开发悖论研究的教育学价值以及社会文化功能。

从上述考虑出发，我倡导做以下三件大事去推进中国的悖论研究：

第一，把悖论推向大学通识教育课堂，以及通过撰写普及读物、做公开讲演，把悖论推向公众。我在北京大学开设了"悖论研究"选修课，以及向公众免费提供的慕课"悖论：思维的魔方"，还给该慕课拟定了口号："学悖论课程，玩思维魔方，做最强大脑！"我认为，在大学开设悖论选修课的好处有：

➢为学生打开一片理智天空；

➢激发学生的理智好奇心；

➢引导学生对问题做独立思考；

➢引导学生思考别人对问题的思考；

➢引导学生识别什么样的思考是好的思考，什么样的思考是不好的思考；

➢培养学生一种健康、温和的怀疑主义态度，从而避免教条主义和独断论；

➢培养学生一种宽容、接纳的文明态度，不要轻易地下关于对错的绝对判断：走着瞧，等着看，看从某种观点或方案中能够发展出什么，衍生出什么，最后能够做成什么。

第二，通过召开学术会议，组织国内外悖论研究同行在一起切磋交流。已经分别在北京大学、上海大学和西南财经大学召开了三次"悖论研究小型研讨会"。2016 年，在北京大学召开了"悖论、逻辑和哲学"国际研讨会，来自美国、德国、荷兰、芬兰、意大利、澳大利亚、南非、日本、菲律宾、中国以及港澳台地区的 30 多位学者在会议上报告论文，另外有 30 多位来自全国各地的学者与会旁听。在 2018 年于北京召开的世界哲学大会上，组织了两次悖论圆桌会议，主题分别为"语义悖论、模糊性及连锁悖论""认知悖论和知识"。

第三，与中国人民大学出版社合作，推出"悖论研究译丛"，翻译出版 10 本左右国外的悖论研究著作。我邀请南京大学悖论研究专家张建军教授与我一道主编这套译丛。

感谢中国人民大学出版社学术出版中心杨宗元主任接受出版这套"悖论研究译丛"，感谢本译丛的各位译者认真负责的翻译工作，感谢本译丛的各位编辑认真负责的编辑工作，还要感谢张建军教授在本译丛上投入的智识和付出的辛劳。

希望读者们喜欢本译丛中的各本著作，也欢迎你们对本译丛的策划和翻译提出建议与批评，我们将予以认真对待。

陈　波

2018 年 9 月 30 日于京西博雅西园

献给鲁道夫·哈勒（Rudolf Haller）

目　录

序　言

本书的主要目的是表明很多认知问题——不仅是通常被当作悖论的 那些问题，而且包括反事实条件句以及各种自我指称的问题——都可以用日常的分析方式来处理，并且可以用处理不一致问题的相同机制来消解它们的困惑。在此基础上，疑难成为澄清问题和解决问题的通用且有益的工具。

本书在讨论过程中分析了超过 130 个大大小小的悖论——几乎囊括了所有最知名的例子。整本书可以并且已经写了很多这样的单个悖论，因此一开始就应该很清楚，我们不会处理它们的全部且有时很复杂的细节。这里我们的兴趣在于悖论的一般理论——在于那些共有且共同的特征，通过它们可以清楚地阐释悖论分析的一般路径。在此基础之上，对单个悖论的考虑只是作为例证。尽管不会处理它们全部且特异的细节，但作为案例研究，也足以示例悖论分析的一般理论的重要方面。因此，如果读者发现自己最喜欢的某个具体悖论的解决方案被忽略了，我必须恳请他或她的理解和原谅。因为这里的目的完全是方法论的。这里首要的是处理悖论的一般程序，而具体悖论只被当作例证，并没有考虑其更特殊的理论目的。当前讨论的目的是提供一种处理悖论的通用方法。

本书旨在为整个主题提供一些显著的创新。这些创新具体包括：

- 通过通用的疑难机制将悖论分析标准化。
- 将真与可信性之间的差别当作悖论分析的工具加以探讨。
- 在悖论解决中使用认知的优先性，并以此探讨可信性排序的 作用。
- 详述对不同的悖论解决方案进行比较评估的接受配置。

● 将不一致的圈的思想引入悖论分析，并实行相应的简单悖论和复杂悖论的区分。

● 采用成功识别要求（SIR）作为解决悖论的工具，这足以处理整个数学悖论。

● 在消解语义悖论时，用成功引入原则（SIP）替代罗素的恶性循环原则及其同类是更简单也更自然的。

总之，本书的目的是要表明，悖论分析比人们通常认为的更直接——不只在抽象的层面如此，而且用各种复杂多样的细节加以说明。

感谢阅读过本书初稿并给出修正和改进建议的几位同事，他们是卡尔·达瓦里斯（Carl Davulis）、彼得·戴维森·加勒（Peter Davison Galle）、亚历山大·普鲁士（Alexander Pruss）和尼尔·坦南特（Neil Tennant）。

相关悖论词条

xx

符号、术语和原则

标准的逻辑符号

- 命题逻辑：~，&，∨，→，↔
- 谓词逻辑：∃，∀
- 等词（或定义）：=
- 演绎后承：⊢
- 归纳蕴涵：⇒

优先性排序：>

集合论符号：{}，∈，$\{x : Fx\}$

对象识别：$(\iota x)\ Cx$

注意：$\{x : Fx\} = (\iota y)\ \forall x(x \in y \leftrightarrow Fx)$

术语

疑难簇：单独看都是可信的，但联合起来却不一致的一组命题。［注意：一个疑难簇构成一个悖论。］

MCS（极大一致的子集）：一个疑难簇的任意一致的子集，使再添加它的任何其他元素都会变得不一致。

不一致的 n 元组：一组联合起来不一致的 n 个命题，使删掉其中的任何一个元素都会变得一致。

R/A-选项（保留/抛弃-选项）：将不一致集合变成极大一致的任何选项，即保留其中某些元素并删掉另一些的结果。[注意：这样的 R/A-选项可以表达为……/……的形式，斜杠左边的命题是要保留的，而右边的是要抛弃的。]

不一致的圈：不一致的命题集合中最小的不一致的子集。[注意：任何这样的不一致的圈都构成一个不一致的 n 元组。]

优先性排序：对集合中命题的优先性保留关系的描述。例如，不一致的四元组 $\{p, q, r, s\}$ 可能具有这样的优先性排序 $[p, r] > s > q$，这表明 p 和 r 具有相同的优先性地位，它们比 s 优先，而 s 又比 q 优先。

（R/A-选项的）保留配置：一种连续优先范畴中命题比例的描述，而这些范畴是 R/A-选项允许保留的。[因此，在前面的例子中，R/A-选项 $p, q, r/s$ 的保留配置 $\{1, 0, 1\}$ 表明，它保留所有优先性为 1 的陈述，不保留任何优先性为 2 的陈述，保留所有优先性为 3 的陈述。]

可识别意义原则

VIR（有效识别要求）：为使某物通过形如"满足条件 C 的 x ——用符号表示为（ιx）Cx——这样的识别性描述适当刻画，必须先独立地确定满足该描述的唯一对象存在。否则这个假定的对象依旧是未定义的。

SIP（成功引入原则）：为成功地将某物引入"满足条件 C 的对象 x"这样的讨论，其中的识别性条件 C 自身一定不能预设该对象存在。有意义的引入不能预设被引入的对象已被识别。（这就回到了 VIR 的"**独立地预先确定**"。）

VCP（伯特兰·罗素的恶性循环原则）：没有任何集合能包含由它自身定义的元素。

第一章
考虑的悖论

- "绝不说永不"
- 感觉欺骗悖论
- 差异信息悖论
- 有角者悖论（欧布里德）
- "真"悖论
- "谁是火车司机?"悖论
- 演绎悖论
- 例外悖论
- 自相矛盾的悖论

第一章　疑难

1.1　疑难与悖论

哲学史上每个时代都有对悖论的关注。当然，开创者埃利亚的芝诺　*3*
（生于约公元前 500 年）从未用这个名字称呼他的那些悖论，即使亚里士
多德通常也只是将它们称为"论证"（logoi），尽管他指责它们为谬误
（paralogisms，paralogismoi）。柏拉图和亚里士多德用于此现象的另一个术
语是"诡辩"（sophismata）——尽管诡辩派们用它来刻画自己的那些论
证这一点是可疑的。这些**疑难**（aporia）——悖论的另一个名称——是亚
里士多德在《辩谬篇》中考虑的主题，斯多亚派也对其表现出极大的兴
趣——更不用说那些其助了一臂之力的怀疑论者。中世纪的经院学者也为
之着迷，其中有些主要的思想家在**不可解问题**上著述颇丰，他们略带悲观
地刻画这些令人困惑的论证模式。康德在"**谬论**"或"**二律背反**"的标
题下处理同类问题。然而，在 19 世纪，"悖论"这个词才最终被确立为
所讨论的现象的标准名称。但正像玫瑰如果叫别的名字也依然芳香一样，
整个历史长河中所讨论的就是这同一个东西——悖论性的论证。就此而
言，同样的基本问题——常常也是同样的标准例子——从哲学的诞生之日
起就迷住了逻辑敏锐的思想家。

"悖论"一词来源于希腊语"*para*"（超出）和"*doxa*"（信念）：悖
论从字面上看就是一个或一组难以置信——超出信念——的论点。因此，
在这种根本的意义上，悖论涉及的问题是牵强的意见、古怪的思想、稀奇　*4*
的事件，以及一般说来与日常期待相反的诸如此类的异常现象。[1]德国通

才马克斯·诺尔多（Max Nordau）在他的同名著作[2]中所讨论的悖论几乎都是古怪的意见。

我们必须对逻辑悖论和修辞悖论做出区分。前者是交流困境——断言、接受或相信的东西之间的冲突。后者是修辞比喻——为了得到令人瞩目的效果或意料之外的洞见而将不协调的思想进行反常的并置。醒着的生活只不过是一场梦，或画家将他要描述的活生生的人们固定住，让其变得了无生趣，这都是悖论，这没有问题，但它们只是修辞模式意义上的悖论。叔本华的论题"自杀是生存意志的最高表达"也在同样意义上为真。人们常常说"弗洛伊德不是弗洛伊德学派的"或"他的那首诗不是诗"。这种修辞类型的悖论——"自然模仿艺术"——是一些描述的反常现象，是 G. K. 切斯特顿（G. K. Chesterton）所谓的"站在她头上以引起注意的真理"[3]的实例。对莎士比亚的"他有疯狂的方法"，以及 G. B. 肖（G. B. Shaw）的"黄金规则就是没有黄金规则"，或奥斯卡·王尔德（Oscar Wilde）的"我能抵制除诱惑外的一切"，或切斯特顿自己的"间谍看起来不像间谍"之类的附带说明而言，这也显然成立。正如萨姆·戈德温（Sam Goldwin）的经典名言"包括我在外"，我们这里所拥有的都是狡诈的表述，它们游走在有意义和胡说八道之间。

修辞悖论常常为逻辑悖论铺路。考虑这样的格言"司机只是汽车将自己转移到其他地方的工具"。在这种充满画面感的版本中，汽车-司机之间的工具和目的关系与我们的通常意识相冲突。我们通常认为，汽车是惰性的工具，而司机是有目的的主体，因此司机才是一定会占据"驾驶座"的人。

5　　不仅有**关于**悖论的大量学术讨论，而且有揭示悖论和在悖论基础上展开情节和叙事的文学作品。我在此想到的纯文学作家有拉贝莱斯（Rabelais）、塞万提斯（Cervantes）和斯特恩（Sterne），以及 G. K. 切斯特顿和 J. L. 博格斯（J. L. Borges）。R. L. 科利（R. L. Colie）在一部出色的研究性著作中考察了这类文学的早期发展，然而，它们都不是当前关注的焦点。[4]

玄学派诗人乔治·赫伯特（George Herbert）在他的祷告诗《天意》中写道："你在一切中是一，在每个中却是多/因为你在一和一切中都是无限"（第 43-44 行）。基督徒的话语中充满了这种修辞性的悖论。因此塞巴斯蒂安·弗兰克（Sebastian Franck，1499—1542）在 1534 年发表了《悖论》一书，其中汇集了从《圣经》文本中挑选出的 280 个"悖论"。[5]其中包括这样的格言"胜利属于被征服者"（*Triumphos penes victos*），"上帝从不会比你远离他时更近"（*Non est proprior quam procul absens deus*），以及"信仰是在不信中相信"（*Fides in incredulitate credit*）。但基督徒的话语中同样也有逻辑悖论。圣保罗对雅典人解释说，他将让他们知道一个未知且不可知的上帝。而位于宗教中心的是最大的基督徒悖论：死亡是通往永生之门。然而，我们通常不是在牧师而是在神学家那里遇到实际的交流悖论，三位一体学说是其中的经典案例。正是看到这一类问题，神学家德尔图良（Tertullian）才提出他那臭名昭著的格言："因其荒谬所以信仰"（*credo quia absrudum*）。

逻辑、数学和哲学的技术文献也充满了对各类悖论的讨论。但它们通常都被处理为多个单独和孤立的片段，每一个都要求自己特有的解决模式。从来没有过对悖论主题及其消解进行统一且全面处理的尝试。相反，当前的讨论将悖论看成是需要加以统一处理的统一现象。它打算描绘一个 *6* 学科（我们可以称之为"疑难学"），主要涉及全面消解悖论所产生的普遍问题。

按照日常话语中的习惯用法，**悖论**是与通常的意见或"常识"相反的判断或意见。[6]在此基础上的**悖论**是明显的反常论点，尽管它与通常视为真的东西相抵触，但也有人严肃地提出。西塞罗（Cicero）曾明智地观察到，"他们希腊人所说的**悖论**，就是我们罗马人说的**神迹**"[7]。

然而，在哲学家和逻辑学家那里，这个术语获得了更加明确的涵义，从可信的前提推出其否定也可信的某个结论时，就产生了悖论。因此，当一组各自可信的论题 $\{P_1, \cdots, P_n\}$ 有效地推出某个结论 C，而其否定非 $-C$ 本身也是可信的时，我们就得到一个悖论。这意味着 $\{P_1, \cdots, P_n,$ 非 $-C\}$ 中每个成员各自都是可信的，但整个集合在逻辑上是不一致的。于是，对该术语的另一种等价定义为：**当一组单独可信的命题联合起来不一致时就产生了悖论**。[8]这里所讨论的不一致必须是真实的，而不只是看起来不一致。悖论不是**推理**错误的结果，而是实质上的缺陷：认可对

7 象的不一致。因此，另一种看待悖论的方式是将其看作一种产生冲突的**论证**，一种得出矛盾结论的演绎推理。构成悖论的若干论题是其**前提**，而其**结论**一律是如下形式的陈述："前提 X 与前提 Y 不相容"。亚里士多德早就将那些由普遍接受的意见推出矛盾而造成的悖论称为"辩证的"论证。[9]**二律背反**这个表达式也被用来刻画产生这类反常情形的断言。

当主张所包含的冲突或紧张尚不构成真正的逻辑冲突（严格的不一致）时，这通常表现为一种讽刺而不是悖论。有能力的将军既得保护他的士兵，又得在用兵时让他们涉险，这是一种讽刺（而非悖论），并且他要实行一个就不得不先放弃另一个。单个的士兵不能在不冒生命危险的情况下追求荣誉，这也是一种讽刺（而非悖论）。

此外，共产主义理论家所说的"矛盾"——不和谐因素或敌对势力之间的冲突或紧张，亦即一种他们认为存在于资本主义中的现象——并不是目前讨论的这种实际悖论中的"不一致"。仅仅有这种紧张并不产生悖论。如果伯纳德·曼德维尔（Bernard de Mandeville）在"蜜蜂的寓言"中给出的教导是对的，那么一个社会要达到经济繁荣所需的条件，就得要求传统的经济德性（如节俭、审慎和避免轻浮等）处于相对较低的水平，这是一种讽刺（而不是实际的悖论）。

当我们有多个论题，它们在给定情形中各自都是可信的，但加在一起却构成不一致的组合时，就产生了悖论。这样，逻辑悖论总是构成疑难情形。一个**疑难**是一组看似可接受但联合起来却不一致的命题。单独看时，该组合中的每个成员都支持这样的主张：如果接受它不会导致问题，那我们就要接受它。但是当所有这些主张结合在一起时，就产生了逻辑矛盾。

8 例如，在有些情形下会出现感官错觉悖论，我们在其中甚至不能"相信自己的眼睛"。举一个众所周知的例子，直棍以一定角度放入水中时看起来是弯的。视觉告诉我们它是弯的，但触觉坚持它是直的。或者再考虑从火或散热器上方观看风景的情况。树木和建筑在摇晃，尽管"我们清楚地知道"它们是静止的。这里，我们面临着一种**感觉欺骗悖论**，某一种感官所肯定的事物，正是其他感官所否定的。在所有这些情况下，我们必须决定如何消解不一致。

既然逻辑悖论产生于单独可信的命题的联合不一致性，那么显然悖论的每个前提都必须是自我一致的。（否则它们很难有资格被当成是可信的。）而这也意味着那些通常被刻画为悖论的自我不一致的命题，在真正的逻辑悖论产生之前必须放到更大的语境中来考察。

考虑这个命题：

　　（N）说某件事情永远不成立的主张永远不成立。（"绝不说永不"！）

为了说明这里讨论的是一个真正的（逻辑）悖论，我们可以将其详细阐述如下：

　　（1）N 给出了站得住脚的主张。

　　（2）N 具有"它永远不成立"这一形式的陈述。

　　（3）如果 N 是正确的，那么每个具有"它永远不成立"这一形式的陈述都是假的。

　　（4）根据（2）和（3），N 推出它自己为假。

　　（5）根据（4），N 没有给出站得住脚的主张。因为任何推出自己为假的主张都不是站得住脚的。

　　（6）（5）与（1）矛盾。

正是这个扩展的说明（而不是 N 本身）阐释了 N 所导致的矛盾，它代表了所讨论的悖论。

1.2　悖论根源于过度承诺

既然悖论产生于我们的承诺之间的抵触或冲突，它们就是认知上的过度承诺的产物。被我们当成可信的东西超过了事实和实在能够承受的范围，我们所陷入的矛盾就是明证。因此，悖论的根源在于信息过载，让人应接不暇。

从理论上讲，可能出现三种情形，这取决于我们可以用来得出结论的数据是提供了足够、太少还是太多的信息。通过下面的例子可以看出问题的普遍性。有三组方程，每个方程有两个未知数，问题在于确定参数 x 和 y 的值：

| 情形一 | 情形二 | 情形三 |
太少	足够	太多
$x + y = 2$	$x + y = 3$	$x + y = 4$
$3x + 3y = 6$	$x - y = 3$	$2x + 2y = 5$

在第一种情形中，信息太少，要得到确定的结果是不可能的；在第二种情形中，信息正好；而在第三种情形中，信息太多了。因此，情形三中的信息过载造成了一种不一致的情形。这里的主张之间的内在冲突使它们联合起来不一致，因此是悖谬的。

在这些情况下，理性的首要指令是恢复一致性。可以肯定的是，对悖论的一种**可能**反应是简单地接受矛盾。或许和帕斯卡（Pascal）一样，我们为了更大的利益而接受矛盾，然后说"在每个真理之后，我们都必须留意相反的真理"（*à la fin de chaque vérité, il faut ajouter qu'on se souvient de la verité opposée*）[10]。智者派的创立者，古希腊哲学家普罗泰戈拉（Protagoras，生于约公元前 480 年）[11]，就臭名昭著地认为人类的处境自始至终都是这样悖谬的，我们所相信的**任何事情**都可以从**正反两方面**来论证，并且说服力相同。而且他也完全准备好接受更深层的悖谬性结论，即这一点对该论题本身也成立。[12]但在不一致性面前的这种屈从并不是一种让人舒服的——更谈不上是理性的——姿态。即使一个人的同情心是如此的泛滥，对不一致性的容忍也应该被看作最后的手段，只有在其他所有做法都让我们失望之后才会采纳。[13]

然而，一致性一旦失去，又该如何恢复？任何一个悖论都可以通过简单地抛弃一些或所有的承诺而被消解，正是这些承诺的结合产生了矛盾。原则上，悖论处理是一个简单的过程：对我们所接受的东西的相对可信性进行评估，然后通过使那些不太可信的让位于更可信的来恢复一致性。正是这类通用的统一的处理悖论的结构，使得以通用的统一方法对它们进行理性处理成为可能，进而为疑难学（以免使用有点绕口的"悖论学"）这个包罗万象的学科铺路。[14]对这一领域的探索是本书的主要任务，其核心论点是：确实有这样一种通用的统一方法来理性地处理悖论。

举一个例子。假设有三个（相当可靠的）信源报告说看到有鸟飞过。

第一个说有三只左右；第二个说有五只左右；第三个说有"一小群"，数量是奇数。再假设有一个明确的估计对我们很重要。那是多少呢？

这个情形是疑难的。我们有三种论点： *11*

（1）有三只左右的鸟（即，2，3，或4）。

（2）有五只左右的鸟（即，4，5，或6）。

（3）鸟的数量很少却是奇数（即，3，5，或7）。

我们显然不能接受所有这些主张，因为没有相同的数在三者中都出现。尽管各自都有证据支持为基础，它们联合起来却是不相容的。任意两者产生的结论都由于第三者而变得不稳定。在这类**差异信息悖论**中，和所有悖论一样，我们处于一种认知不协调的情境。

在面对疑难性的不一致时，我们没有别的选择，只能放弃一些东西，在相互冲突的论题中抛弃或者至少修正一个。在这一点上，理论语境和实践语境之间有决定性的差异。在实践语境中，存在妥协的可能性——其结果是给出一种区分，让我们能够以某种方式"两全其美"，比如在双号的日子里采取方式 A，在单号的日子里采取方式 B。但从理性上说，我们不能以这种方式来对待信念。在理论语境中，我们必须做出选择——必须以一种或者另一种方式消解问题。[15]

然而，逻辑本身并不能帮助我们去选择如何消解不一致的冲突。它所做的只不过是告诉我们，必须放弃其中一个主张，但对放弃哪一个却没有给出任何提示。我们所能做的最好的事情是，接受三个相互冲突的论题中的两个，或者接受（1）和（3）并估计结果为 3，或者接受（2）和（3）并估计结果为 5，又或者接受（1）和（2）并估计结果为 4。我们应该选择哪种路线？我们只有迷茫——直到我们有某种进一步的向导。值得注意的是，当我们得知一个信源不如其他信源那么精确或可靠时，我们就有了明确的消解方案。

具有异想天开倾向的古希腊哲学家被引向了诡辩（*sophismata*），其遵 *12* 循的思路正是米利都的麦加拉哲学家欧布里德（Eubulides）讨论过的**有角者悖论**（*keratinês*）。[16]它以如下的推理为基础：

（1）你没有角。

（2）如果你没有丢失某个东西，你仍然有它。

（3）你没有丢失角。

（4）因此，你（仍然）有角。（根据（2）和（3））

（5）（4）和（1）矛盾。

这里的论题（1）、（2）和（3）都被假定为事实上真的。但是，（2）当然只有在下面的限制性条件下才会成立：其中的东西是你之前就有的某个东西。既然这个悖论依赖于一个预设，而这个预设看上去完全错误，那么它就很容易消解。[17]

同样，下面的**"真"悖论**也提供了一种有启发性的案例：

（1）"真"是语句的性质，而且只是语句的性质。

（2）语句是人类语言的单位。

（3）人类语言不能离开人而存在。

（4）"真"不能离开人而存在。

有些哲学家被这种思路欺骗而接受关于真的人类中心论：他们接受*13* （1）－（3）因而坚持认为（4）必须被抛弃。但这里有很大的问题。因为其中的推理没有注意到语句和陈述或抽象的命题（语句意图的信息）之间的区别。实际上，像（1）那样说真只与**语句**有关系是错误的：它也是**陈述**的特征。而如果我们将论证中的"语句"替换为"陈述"，那么（2）就不成立。因为尽管人类语言的语句可以表达陈述，但所讨论的与那些潜在为真的陈述相伴的事实——至少在理论上——超越了人类语言的界限。

这些哲学悖论表明，其中的不一致不一定很明显，而是有可能隐藏得更深。"谁是火车司机？"谜题构成了这个类别中的非哲学悖论的生动案例。想象一系列报道，提供了下列背景信息：

一列火车由琼斯、史密斯和罗宾逊三人操作，他们分别是火车司机、司闸员和司炉工（但不一定按这个顺序）。车上还有三位乘客：琼斯先生、史密斯先生和罗宾逊先生。给定下列信息：

（a）罗宾逊先生住在底特律。

（b）琼斯先生的薪水是每年 40 000 美元。

（c）史密斯在台球赛中赢过司炉工。

（d）与司闸员同名的乘客住在芝加哥。

（e）司闸员住在芝加哥和底特律中间。

（f）其中一位乘客是离司闸员最近的邻居，他的薪水刚好是司闸员的三倍。

（g）史密斯在网球赛中赢过火车司机。

这里的（a）-（f）使我们有可能找出火车司机。我们用 R、J 和 S 作为这些人名的缩写，并且用 f、b、e 代表司炉工、司闸员和火车司机，然后按下列方式来证明：

事实	理由	*14*
（1）$S \neq f$	（c）	
（2）R 不是 b 的隔壁邻居	（a），（e）	
（3）J 不是 b 的隔壁邻居	（b），（f）	
（4）S 是 b 的隔壁邻居	（2），（3），（f）	
（5）S 不住在芝加哥	（e），（4）	
（6）R 不住在芝加哥	（a）	
（7）J 住在芝加哥	（5），（6），（d）	
（8）$J = b$	（7），（d）	
（9）$J \neq f$	（8）	
（10）$R = f$	（1），（9）	
（11）$S = e$	（8），（10）	

史密斯是火车司机！当然，在增加（g）所附带的消息 $S \neq e$ 之后，立刻就会得出矛盾。"谁是火车司机？"这个谜题在增加了（g）之后导致的信息过载就产生了一种疑难情形，结果就导致悖论。然而，这一事实被这个谜题的信息库中弥漫的复杂性迷雾很好地掩藏起来了。

考虑陈述"我［在某一天］做出的所有陈述都是假的"。这在原则上是没有问题的。事实上，如果我在这一天只说过"$2 + 2 = 5$"，那么这个陈述就不仅完全有意义，而且是真的。但是，如果这一天恰好是我做出这个陈述本身的那天，那显然会导致悖论。因此悖论可能不只涉及陈述所**说**的是什么，而且涉及说出它的偶然环境。

再举一个例子。**演绎悖论**具有如下的两难推理形式：

（1）如果提出的演绎论证是有效的，那么结论不能包含任何不能从前提中推出的信息。

（2）这种情形意味着演绎有效的论证本质上是不提供信息的——除了已知的，它不增加任何新的东西。

（3）如果提出的演绎推理是无效的，那么它就没有用。可存活的结论就不能以它为基础。

（4）因比，演绎论证要么不提供信息（根据（2）），要么无意义（根据（3））。无论是哪种情况，它都不能完成提供信息的有用工作。

前提（2）是站不住脚的，这一点已经由"谁是火车司机？"谜题生动地展示出来。显然必须做出区分。前提（1）中包含的隐含信息是一种东西，认知上可辨识的信息是另一种完全不同的东西，因为有限的智能不是演绎全能的。

悖论都以同一种普遍方式产生，即通过疑难性的过度承诺。在每一个案例中，我们都处于这样的情形中：我们倾向于接受为可信的东西都超出了一致性能够容纳的限度。因此，我们可以从上文讨论过的疑难分析的角度来处理悖论，基本的想法是：解决悖论就是找出不一致链条中最薄弱的环节，然后打破这个不一致链条。

1.3 可信性

在一开始就应该强调的是，对主张和论点接受或断定不是整齐划一的事情，而是可以采取不同类型或形式。我们可以在逻辑-概念的基础上"接受"一个论题是必然和确定的（"叉子有齿"），或者认为它毫无疑问为真，尽管只是偶然为真（"卢浮宫在巴黎"），又或者以一种试探和犹豫不决的心态认为它只是可信的或大概为真（"恐龙灭绝是由于太阳被彗星碎片遮挡而造成了地球变冷"）。

当如此谨慎地赞同一个命题时，我们就不必像塔斯基一样，认为断定 p 相当于主张"p 是真的"。问题在于，审慎地主张 p 为可信的，只不过是说"p **大概**是真的"。这意味着，只要不遇到问题，我们就会赞同和采用

p，而一旦有问题，我们就准备放弃它。实际上，我们不是这类主张的刎颈之交而只是其酒肉朋友。我们把这类主张看成是"在当前情况下"应暂时赞同的。以这第三种尝试或暂时的方式来接受或断定，所主张的就不是实际为真而只是具有可信性——我们会接受这个论题为真，"只要我们能够逃脱惩罚"，也就是说，只要采取这一步不会导致异常的（即不可接受的）后果。总之，这个主张是暂时的，但需注意可能有必要撤回该主张。

一个实际上为假的命题也可以是可信的。举一个例子。在美国内战期间，有些人女扮男装成功加入了联邦军队。这使得论题"那些在联邦军队服役的人是男性"严格说来是假的。尽管这种（只有）在极端或异常的情况下才不成立的概括从字面上看是假的，但这并没有废除它的可信性地位。然而，它是可信的**论题**，而不是可信的**真理**。严格说来，它应该被描述为**可信的错误**——但这正好就是要点所在：一个实际上为假的命题也可以是可信的。

可信的命题在事物的认知模式中扮演着非常特别的角色。我们随意地将它们用作前提，以算出问题的答案。但在具体的问题解决语境中，它们的使用并不是基于完全且无限制地承诺这些命题为真。因为我们清楚地知道我们不能将所有这些可信之物接受为真，因为那可能而且通常说来也的确会让我们陷入矛盾。

因此，可信之物是某种实用的认知装置。我们在可以产生能行的效果时使用它们。但我们小心翼翼地避免对它们做出无条件的和"无论如何"的承诺。尤其是在会陷入矛盾时，我们避免使用它们。总之，我们对它们的承诺不是绝对的，而是要视情况而定：我们是否赞同它们取决于语境。再强调一遍：这里的"接受"只不过是尝试的或暂时的赞同。

这种从断定为真到断定为可信的转变，为我们提出的主张提供了一种灵活度。考虑围绕"所有概括都有例外"这个论点展开的**例外悖论**。这导致了如下的悖论：

(1) 所有概括都有例外。　　　　　　(假设)

(2) (1) 是真的。　　　　　　　　　(根据 (1))

（3）（1）是概括。 （对（1）的观察）

（4）（1）有例外。 （根据（1），（3））

（5）任何有例外的概括都是假的。 （逻辑原则）

（6）（1）是假的。 （根据（3），（4），（5））

（7）（6）与（2）矛盾。

然而需要注意的是，一旦（1）中的论题不是被断定为真，而只是被断定为可信的，这个悖论立刻就能消解。因为从（1）到（2）的推论步骤就自动无效，而这一步对导出矛盾而言必不可少。

1.4 可信性与推定

不幸的是，生活就是这样，我们不能总是完全接受可信之物，因为与纯粹的可信之物相比，实际的真理是更加讲究、更加苛刻的。因为可信之物与真理不同，既可以与真理冲突，也可以相互冲突。各自为真的陈述当然联合起来也为真：我们有 $[T(p) \& T(q)] \to T(p \& q)$。但这对可信性来
18 说断然不成立，更不用说对仅仅有可能的陈述了。因为可信的（和可能的）陈述实际上可能相互冲突，从而让我们陷入悖论。

因此，可信性是一回事，真理是另一回事。我们仅仅是尝试暂时地"接受"可信的陈述，只要它们在我们的慎思之下被证明是没问题的。当然，问题经常会产生。X 说有 25 个人在场，Y 说有 15 个人。视觉告诉我们以一定角度放入水中的棍子是弯的，触觉告诉我们它是直的。在冷水中放过的手感觉微温的水是暖和的，但在热水中放过的手感觉它是冷的。在这些例子中，我们不能两者兼得。当我们的信源相互冲突时——它们指向疑难且悖谬的结论——我们不再能够按字面意思来接受它们的输出，而是必须以某种方式加以干涉，以把事情理顺。而此时可信性就必定是我们的向导，基本的想法是，最可信的前景就是最有利的假设。

原则上，可信性或多或少是一个比较问题。这不是一个非此即彼的问题，不是确定的可接受性的问题，而是对各有优劣的备选项进行综合评估的问题。我们与我们看作可信的主张有联系，但这种联系的强度在不同的

认知环境中是可变的。而这一事实有重要的影响。因为可信性的观念以这种方式发挥作用：**与竞争对手相比，推定永远偏爱那些最可信的选项。**

这里的推定概念实际上与传统的法律观念相同，在 18 世纪的惠特利（Whately）大主教的教科书中就已经有如下的精确解释：

> 根据最新的用法，"推定"偏爱某个假定，这并不意味着（有些却被人误以为是）偏向它一方的概率占优，而是说直到有足够的理由反对它为止，这种根本的成见都必须坚持；简言之，**证明的责任**在持有异议的一方。[18]

正是在这个意义上，英美法系中的"无罪推定"对被告有利。"举证责任"在另一方，而且在更强的反面考虑将其推翻之前推定都成立。比如，在几乎所有验证语境中，都有一个长期存在的推定，它偏向于事物的正常、通常和习惯的发展过程。 *19*

要反对感觉和记忆自动为我们提供十足的真理这个主张，人们可以采取所有传统的怀疑论论证，并以笛卡尔的名言作为向导："直到现在，凡是我当作最真实、最确定而接受的东西，我都是从感官或通过感官得来的。不过，我有时发现这些感官是骗人的；更明智的做法是，对于那些骗过我们的东西就决不加以完全的信任。"[19] 当然，支持感觉材料的脆弱性的这类论证只是再次强调了它们在推定意义上是真理的候选者，而不是直接的**真理**。推定毕竟还是得到了**一些**认可，哪怕不是完全无条件的认可。它的认知地位肯定不是坚如磐石，但那也足以要求只有充分的努力才能推翻它。我们对一个推定的承诺可能不是绝对的，但那仍然是一种承诺。[20]

推定原则会偏向于最可信的选项，这种固有的可信性倾向是认知审慎的工具。它相当于一种安全优先的方法，即决策论和实际推理论中被称作**最小最大潜在损失的策略**。这种策略的指导思想是在可选择情形中选择那个使可能带来的最大损失最小化的选项。[21]（这种策略显然不同于期望值 *20* 方法。）对我们从信源——人类及类似的工具，包括我们自己的感观工具——抽出认知效果的方式而言，关于真实性的推定是基础性的。一旦我们认出并且承认这样一种信源，我们就准备按字面意思采纳它们的主张，直到有问题出现为止。

1.5 论点的可接受性

在实际事务中，我们能够更加灵活和宽容，因为总有妥协的可能性。[22]但真又是另一回事情；它们锋芒毕露，不屈不挠（在所有日常的例子和情形中都是如此）。就**知识**而言，假必须被丢到垃圾堆：它不再是能对我们的知识做出有用贡献的东西。但就**实践**而言，情况就大不一样了。

尽管如此，推定为我们提供了一种认知妥协的前景。如果它给出的只是**几乎**所有 A 都是 B，那么主张"所有 A 都是 B"显然是不正确的。然而，在对这个陈述的实际操作中，我们（按假定）几乎永远遇不到反例。或者，如果在那些我们经常打交道的方面，A 和 B 相同，那么在其他方面它们有多少差异几乎没有影响。如果我们是厨师或营养师而不是植物学家，那么我们就可以一直持有"番茄是蔬菜，而不是水果"这个（错误的）看法，并几乎永远不会遇到麻烦。毫无疑问，真实和完整的真理更可取，但生活就是如此，有些时候让仅仅可信的东西代替它也是有道理的。

不仅要意识到仅仅为假的陈述会发生这类事情，也要注意到，那些简直是自相矛盾的陈述也会出现这种情形，即使这种悖谬的论题也有它们的认知用途。例如，考虑下列自相矛盾的陈述：

- 普遍的主张永远不是真的。
- 不加限制的论点都是夸大之词。
- 坚持永远不的陈述永远不正确。
- 预测总是不准确的。
- 一般规则总有例外。

按字面理解，在被完全当成认知的**论题**时，这些陈述是弄巧成拙的，因此似乎很荒谬。但如果我们从**实践**的角度看问题，情形就非常不同了。因为从这个角度，我们可以将问题看成**实用的**（"仿佛可以执行的"）**认知策略**：

- 永远不做普遍主张。

- 永远不给无限制的论点。
- 永远不说永远不的主张。
- 永远不做无限制的预测。
- 永远不制定完全无限制的规则。
- 永远不做关于知识的独断主张。

这种认知程序的实用策略肯定不是荒谬的。它们可能在逻辑上有问题，但并不缺乏实践智慧。因为这些建议具有弄巧成拙的本性，但这并没有排除它们作为建设性程序承销在操作策略层面的前景。而且，正是通过这个事实，它们才能成功地做出一个被认为可信的主张。

当然，我们此时如履薄冰，必须小心谨慎。中世纪的哲学家约翰·布里丹（John Buridan）讨论过如下陈述造成的异常："每个命题都是肯定 *22* 的。"[23]就算是假的，这种自我示例的主张也似乎是无害的。但它仍然有"没有命题是否定的"这个逻辑推论。这个陈述不仅是假的，而且是荒谬的，因为它本身就为自己的断言提供了一个反例。

注释

［1］奥古斯都·德·摩根的 *A Budget of Paradoxes*（London：Longmans Green，1872；2nd ed. 1915）一书中充满了这类材料，其中很多是从数学和自然科学中借鉴的。德·摩根所引用的有智力好奇心的作者们提出了各种各样的悖论，其中包括月球旅行以及出书写康德哲学的店主们等悖论。

［2］Max Nordau，*Paradoxes*（Chicago：Laird and Less，1886）.

［3］G. K Chesterton，*The Paradoxes of Mr. Pond*（New York：Dodd Mead，1937），p. 63. 切斯特顿继续评论："大多数讨论悖论的家伙只是想卖弄而已。"（p. 95）

［4］Rabelais，*Gargantua and Pentagrual*；Cervantes，*Don Quixote*；Laurence Sterne，*Tristram Shandy*，G. K Chesterton，*The Paradoxes of Mr. Pond*；and Jorge Luis Borges，*Labyrinths*，是有关悖论的文学作品的主要例子。也可参看 Rosalie L. Colie，*Paradoxia Epidemica*（Princeton：Princeton University Press，1966）。

［5］Sebastian Franck, *280 Paradoxes or Wondrous Sayings*. Translated by E. J. Furcha（Lewistown, NY：Edward Mellen Press, 1986）.

［6］具有讽刺意味的是，根据《牛津英语词典》的记载，这个词在英语中的第一次使用是布洛卡（Bullokar）1616 年在《畅销故事书》中的定义，其表述如下："悖论，是一种与通常被允许的观点相反的观点，就好像一个人认为大地在旋转而天堂是静止不动的。"

［7］Hae *paradoxa* illi, *admirabilia* dicamus, and again, admirabilia contraque opinionem ommium；*Paradoxa*, Prooem, 4.（*Scripta quae manserunt omnia*, IV/Ⅲ, ed. C. F. W. Mueller（Leipzig：Teubner, 1878）, p. 198. 也参看 *Academicorum priorum*, II 44, §136 ［ibid IV. I, p. 81］。

［8］《韦氏词典》将（逻辑意义上的）悖论定义为，"一个论证，从可接受的前提经过有效的演绎看似推出了自相矛盾的陈述"（*Webster's Ninth New Collegiate Dictionary*, Springfield, MA：Merriam-Webster, 1983, p. 853，如果将用于限定"推出"的"看似"改为限定"可接受的前提"，则这个定义会更贴切）。本章的定义与此有两方面的不同：（1）它说的是可信的命题或前提，而非"可接受的"，这是因为"可接受性"是非此即彼的问题——一个论题要么是明显可接受的，要么不是——而可信性是程度问题，因为一个论题的可信性可以有多有少；（2）本章的定义用"推出"替换了"看似推出"。在谬误中，我们有表面的推出，但没有真正的推出，但真正的悖论中的推理必须是令人信服的。

［9］*Soph. Elen.*, 165b1−5.

［10］Blaise Pascal, *Penseés*, No. 791；Modern Library edition No. 566, p. 185. 想想这句格言："心胸狭窄的人才坚持一致性"（consistency is the hobgoblin of small minds）。

［11］关于普罗泰戈拉，参看 Zeller, *Philosophie der Griechen*, vol. I/2, pp. 1296−1304。也参看柏拉图的对话《普罗泰戈拉》和《智者》。

［12］"普罗泰戈拉声称，人们对任何问题采取任一立场来辩护都能取得同样的成功，甚至包括是否每个主题都能从任一立场来辩护这个问题本身。"（*Protagoras ait, de omnis re in utrumque partem disputari posse ex aequo, et de hac ipsa, an ominis res in utrumque partem disputabilis sit*.）Seneca,

Epistola moralia，XIV，88，43．

[13] 对比 N. Rescher and Robert Brandom，*The Logic of Inconsistency*（Oxford：Blackwell，1979）。

[14] 这个术语改编自希腊词 *aporetikê technê*，澄清、分析和消解疑难或悖论的"疑难术"。将这种事业当作哲学核心的观念在德国哲学家尼古拉·哈特曼（Nicolai Hartmann，1882—1950）的著作中有突出的描绘。参看他的 *Grundzüge einer Metaphysik der Erkenntnis*（Berlin：de Gruyter，1921；5th ed. 1965）。

[15] 对这个问题的详细处理，参看拙文"Ueber einen zentralen Unterschied zwischen Theorie und Praxis，"*Deutsche Zeitschrift fuer Philosophie*，vol. 47（1999），pp. 171−182。

[16] 关于欧布里德，参看后文 pp. 102−104。第欧根尼·拉尔修的《名哲言行录》记载说，有人认为这种诡辩是对戴了绿帽子的男人的嘲讽（Diogenes Laertius，*Lives of Eminent Philosophers*，II，III，IV，39）。它也被认为应归功于克吕西波（Chrysippus）。

[17] 关于有角者悖论的各种古代讨论，参看 Prantl，*Geschichte*，vol. I，p. 53。这个悖论几乎和智者派的狗悖论一样奇怪，其推理如下：

> 那条狗是你的狗。那条狗是一位父亲。所以：那条狗是你的父亲。

麦加拉学派的悖论家和智者派都专注于这个悖论（柏拉图，《欧绪德谟》，299E）。有人将这个诡辩改得更复杂，添上了："你打那条狗。所以：你打你的父亲。"斯多亚派讨论过这个悖论的另一个变体："他是一个坏人。他是屠夫。所以，他是坏屠夫。"（参看 Prantl，*Geschichte*，vol. I，p. 492）

[18] Roberts Whately，*Elements of Rhetoric*（Urban，1963；first edition 1846），Pt. I，ch. III，sect. 2.

[19] René Descartes，*Meditations on First Philosophy*，No. I，translated by R. M. Eaton.

[20] 在看法会随着新信息的出现而改变的历时语境中，以色列·谢弗勒（Israel Scheffer）提出了一个类似的观点："一个语句可能在后来被

放弃，但这并不意味着它现在对我们的主张可以被轻率地忽视。认为一旦承认某个陈述在理论上是可修正的，它就不再具有任何认知价值，这样的想法并不比如下的建议更合理：一旦发现规则使某人可能会落选，他就已经落选了。" *Science and Subjectivity*（New York，1967），p. 118.

[21] 在一般决策论的层次上对相关问题的讨论，参看 R. D. Luce and H. Raiffa，*Games and Decisions*（New York：Wiley，1957）。

[22] 关于这个论点的例子的详细讨论，参看拙文 "Ueber einen zentralen Unrerschied zwischen Theorie und Praxis，" *Deutsche Zeitschrift fuer Philosophie*，vol. 47（1999），pp. 171−182。

[23] 参看 G. E. Hughes，*John Buridan on Self-Reference*（Cambridge：Cambridge University Press，1982），p. 34。

第二章
考虑的悖论

第二章　依据保留优先性的悖论解答

2.1　根据优先性等级来解决悖论

既然悖论是由不一致的命题集合生成的，那么先简短地回顾一下与这 25
类不一致集合相关的逻辑观念是很有用的。

每个各自一致但联合起来就不相容的命题集合都会生成一个**极大一致的子集**（MCS's）。它们是这样的一致的子集：可以通过加上任何遗漏的命题而成为不一致的。

另外，每个各自一致但联合起来就不相容的命题集合也可以生成一个**极小不一致的子集**（MIS's）。它们是这样的不一致的子集：可以通过消去其中任何一个元素而成为一致的。这些极小不一致的子集构成了"不一致的圈"，它们折磨着不一致的命题集。[1]如果一个集合有更多（或更少）的不一致的圈，它就是更加（或更少）不一致的。因此一个不一致集合是极大不一致的，如果**其元素的每一个对儿都是不一致的**。进而其极大一致的子集就与其元素一样多了，因为几乎只有其个别元素才构成极大一致的子集。[2]

一个不一致的 n 元组（四元组，五元组，等等）是 n 个联合起来不一 26
致的命题的集合，这集合是极小不一致的，使得消去其中任何一个都会恢复全体的一致性，从而这种集合的每一个 $n-1$ 元子集都是极大一致的子集（MCS）。因此，考虑这种情况：｛(1)，(2)，(3)｝与｛(2)，(3)，(4)｝都是不一致的三元组，我们现在看一下集合｛(1)，(2)，(3)，(4)｝。鉴于有重叠，这不是不一致的四元组，因为它只有三个而不是必需的四个

MCS（每个命题对应一个）：{（1），（2），（4）}，{（1），（3），（4）}，{（2），（3）}。

任何不一致的命题集都可以被分解为（潜在重叠地）子集成分，每一个成分都是不一致的 n 元组，这是很容易证明的逻辑事实。由此，一个不一致的集合所包含的（如我们所称呼的）"不一致的圈"与这种分解所包含的不一致的 n 元组一样多。

解悖一般来说是为不一致的命题集找到一致性。基于此，存在包含一切的方法论，可以用之来分析所有的悖论。对于疑难来说，解决方案成了控制认知损害的练习：面对一个不一致的集合，我们必须恢复到一个认知上可行的情况。而目标是以最小的代价实现它——在第一个例子中，在我们倾向赞同的论题中做出最小可能的牺牲。但是，给定疑难情况中所包含的命题之间的冲突，很显然它们不能都是真的。（毕竟，真理必须构成一致的整体。）因此面对一个疑难情况时，真的只有一条出路：必须抛弃某些导致冲突的论题——如果只是用限制或限定的方法。这里我们接受了太多——比适当注意一致性所能承受的要多——以至于过度扩张了。而这意味着同样一种方法——抛弃一些所包含的绝对或相对不可靠的命题——可以用来解决这个问题。这也意味着解悖绝不是没有代价的：为了重获一致性，我们必须放弃某些东西。

逻辑可以告诉我们的是我们的推理模型是有效的——当应用于"真"时它们必然会导致"真"，但是它并没有——不可能——告诉我们的是当应用于可信性时，有效的论证不能产生不可信的（或者自相矛盾的）结论。（毕竟，通常一个合取比其合取支更少可信性。）因此逻辑不能保证克服悖论。理由很简单。不一致性要求为了抛弃某些前提而在所有选项中做出选择。但是逻辑是价值中立的。它会指出我们必须为了一致性而做出选择，但是没有告诉我们**如何**选择。它可以批判我们的结论但不能批判前提。因此，只要我们提出可信性，悖论的威胁就会接踵而至，而不管我们如何小心且令人信服地从逻辑的角度进行处理。

简而言之，处理悖论要求超出或超越逻辑的方法。因为为疑难情况修复一致性的方法是执行某种**优先性原则**，它们在冲突的例子中详细说明了我们应该如何处理以使某些相关主张让位于其他主张。所需要的只是优先权或优先性。要想破坏不一致链条中最弱的一环就要考虑优先性。因此这种方法的指导思想有二：

> 各种悖论可以被统一视为源自过度承诺论题的疑难，尽管这些论题各自都是可能真的，但联合起来就不相容了。基于此——
> 各种悖论可以用抛弃最弱环节的方法统一解决，依据的事实是有些论题相较于其他论题有优先权或优先性。

而第二个观点，对——关于决定优先性的——认知赋值的考量成为处理悖论必不可少的部分。

这里讨论的一般过程最好通过某些具体的例子来说明。首先是**碎花瓶悖论**，它基于如下论点"打碎这个花瓶并没有真正的伤害——毕竟其所有部分依旧在那"。现在考虑这些论题：

（1）如果我们把花瓶打碎，这个花瓶不再如此存在了。

（2）这个花瓶除了构成它的大量陶瓷质料之外没有其他东西。

（3）花瓶碎了之后，所有构成它的陶瓷质料依旧存在。

（4）根据（2）和（3），花瓶打碎之后依旧存在，与（1）矛盾。

因此{（1）,（2）,（3）}构成不一致的三元组。（1）和（3）都是不可争辩的事实，而（2）只是一个听上去可信的原则。因此我们别无选择只能拒绝（2），把它当作不一致链条上最弱的一环，尽管它有可信性。这里我们可能会说这样的话："这个花瓶除了构成它的陶瓷质料之外还有更多东西，即这些质料构成的某种花瓶形状的外形结构"。基于此，我们把（2）当作缺乏论据而拒绝它，尽管其表面看起来是可信的。

在分析悖论时，如果有论题和原则对于构成所讨论的疑难簇来说起到关键作用，那么列出所有这些论题和原则就变得至关重要。因为直到不一致链的所有环节都被清晰说明之后，才能确信地决定真正破坏这个链条的精确位置。如果我们没有陈述所有的环节，我们不能决定哪一个是最弱的。

为了这个方法论，考虑如下的约翰·斯图尔特·密尔（John Stuart Mill）的**幸福悖论**[3]：

28

（1）自己的幸福是任何理性主体的天然目的。

（2）一个理性主体会采纳任何对他的类来说是天然的目的。

（3）因比（根据（2）和（3）），一个理性主体将把他自己的幸福作为目的。

（4）一个理性主体只会采纳那些他期望可以通过努力真正实现的目的。

29

（5）因此（根据（3）和（4）），一个理性主体实际上可以期望通过努力来实现他自己的幸福。

（6）但是生活中的真相是理性人认识到他们不能期望通过努力来实现他们自己的幸福。

（7）（6）与（5）矛盾。

这里 {（1），（2），（4），（6）} 构成一个不一致的集合，（3）和（5）仅仅是推演出来的——如所示。这个不一致的四元组的极大一致的子集（MCS's）是 {（1），（2），（4）}，{（1），（2），（6）}，{（1），（4），（6）}，{（2），（4），（6）}。这导致四个相应的保留/抛弃-选项：（1），（2），（4）/（6）；（1），（2），（6）/（4）；（1），（4），（6）/（2）；（2），（4），（6）/（1）。问题是如何在这些 R/A-选项中做出取舍。

关于所涉及命题的地位，密尔自己把（1）和（2）当作理性的基本原则，把（6）当作对人类本质的重要洞见。但是（4）只是一个高度可信的假设。这四个论题根据优先权和优先性，排序如下：[（1），（2）] >（6）>（4）。（注意方括号中的论题有同等优先性。）由此，密尔认为必须抛弃任何对论题（4）的无条件背书，而不管它看上去多么可信、多么合理。因为对于无法实现的目的的追求——在某种情况下——会产生其他的附带好处。

这是个很典型的例子，由此进行的解悖过程有如下的一般结构：

1. 列出手头上的悖论中有争议的疑难组，把所包含的（联合起来不一致的）疑难命题的清单整理出来，表明它们之间的逻辑关系如何产生矛盾。

2. 在推理上把这个不一致的集合规约到其非冗余的基础上。

3．列出最终疑难簇的极大一致的子集（MCS's）。基于此——　*30*

4．列出保留/抛弃组合的各个选项（R/A-选项），由此可以避免疑难的不一致性。

5．对所讨论的命题的相对优先权或优先性进行评定。

6．为了修复一致性，根据对这些优先性的考量以决定最终的保留/抛弃-选项中哪个是最佳的。

当然，有可能疑难簇中的某些命题对于产生不一致不起作用。这种"无辜的旁观者"将远离矛盾冲突，因而属于每一个极大一致的子集（而不属于任何极小不一致的子集）。对于它们来说，优先性不起作用：它们的出现不会被拒绝，不管优先权和优先性如何排序。

关于悖论，有学生曾经写道，"悖论是自我闭合的陈述，没有外在的参照点能影响悖论自身"[4]，而这是千真万确的。因为这些悖论的不一致性自身并不提供解决它们的方法——单纯对断定内容的逻辑分析是没有出路的。为了解决悖论我们需要额外的优势点——用于评估所涉及的互不兼容论题的认知可行性的工具，而这些命题自身并不会为我们提供任何关于这些工具的信息。一般来说，这里符合要求的是优先权和优先性的相关原则。

下面考虑哲学神学领域中的疑难簇——**恶之悖论**。[5]

（1）我们人类（作为上帝的创造物）做了很多缺德事，但上帝　*31* 并不对世界中的这些道德罪恶负责。

（2）世界是上帝创造的。

（3）世界包含罪恶：罪恶不只是幻觉。

（4）创造者对其创造物可能包含的所有缺点（这包括其创造物的道德缺陷）负责。

（5）根据（1）-（3），上帝对世界的现状负责——包括其中的罪恶。

（6）（5）与（1）矛盾。

我们后退一步，考虑一下这些论点的系统地位或状态。论题（5）是其他起作用的论题的后承，可以先放一边不考虑。论题（3）更接近于日常经验的平凡事实。论题（1）和（2）是（或者能够合理地表现为）犹太-基督神学的基本教条。但是（4）至多是道德神学的一个矛盾论题，它包含一个潜在有问题的否定：被造物根据自己的自由意志与责任行动，这使上帝不再为他们的行为负道德责任。因此，我们的优先性排序为[（1），（2）]＞（3）＞（4）。[6]基于此，有理由认为在此语境中必须抛弃某个疑难论题。很容易得出应该抛弃的是（4），因为只有 R/A-选项（1），（2），（3）/（4）抛弃了最低优先性论题。

从疑难簇中删除最小可信的选项可以使其恢复到一致性，由此我们可以使下面这个词组的词典意义得到纯化："减少关注不值得的东西"。但是注意，那些不值得的东西并非必然无价值的。因为根据假设会认为它们自身或多或少是可信的。尽管卷入疑难冲突的可信论题在一个语境中有最低的优先性，但是它们仍有可能提供有用的认识论作用。[7]

2.2 程序性的考虑

32   在恰当的保留/抛弃-选项中做出选择的基本规则是：

    A1：最小限度地抛弃相关优先性层次最高的命题。（或者等价地说，最大限度地保留优先性层次最高的命题。）

当然，单单这个标准可能是不够的，因为很多有竞争性的 R/A-选项可能在这方面是不分上下的。下一个应用的规则是：

    A2：（由于不分上下）当规则 A1 不起作用时，在下一个优先性层次上重新使用 A1。

当这个不起作用时，我们就到下一个层次继续使用。

    A3：如果这个序列的先前规则的使用不起作用，那么在下一个优先性层次上继续使用同样的步骤。

因此，每一个保留/抛弃-选项都根据优先性而有一个**保留配置**，这个优先性是由那些**允许在后续的优先性层次上得到保留**的陈述的比例决定的。最佳的 R/A-选项是当人们比较所有的可能性之后其配置在（数字的）词典顺序中保持到最后的。因为这意味着在使低优先性论题让位于更高优先性论题上的表现是最佳的。最后的步骤使不可信性最小化或者——详细一点说——使我们所主张的命题的极小可信性最大化。（因此我们有一个极大极小的可信性评价原则。）

苏格拉底的无知悖论为这个过程提供了一个例子。假设苏格拉底认为他什么都不知道。确实，苏格拉底大概说过"我只知道我什么都不知道"（*Nihil scio praeter hoc*，*quod nihil scio*），这绝不是悖论。但是为了这个例子，我们稍稍修改一下。进而我们遇到一个疑难情况，可以表述如下：

    （1）苏格拉底自称一无所知。

    （2）根据（1），苏格拉底宣称"我一无所知"。

    （3）宣称某事就是认为它是真的。

    （4）认为某些东西为真实际上是宣称知道它是这样的，因而宣称知道一些东西。

    （5）明智的人不会做出不一致的主张。

    （6）苏格拉底是明智的人。

    （7）根据（5）和（6），苏格拉底并没有做出不一致的主张。

    （8）根据（1）和（4），苏格拉底做出了不一致的主张。

    （9）（8）与（7）矛盾。

这里 $\{(1),(3),(4),(5),(6)\}$ 构成一个不一致的五元组。现在（1）和（6）是假定的事实，它们构成这个问题的背景的一部分：它们的地位是稳固的。（3）和（5）是理性过程的可信原则，正如（4）一样，尽管（4）处在一个更低的可信性层次。因此，我们得到一个可信性排序：$[(1),(6)] > [(3),(5)] > (4)$，其结果是不一致的圈应该在（4）的地方被打破。这样处理的基本原理是，即使再小心谨慎的人也会在可能或可信的猜测或假设层次上，而不是在直接的知识层次上下赌注。

抛弃（1）、（3）、（4）、（5）、（6）中的某一个之后，我们可以得到五个 R/A-选项。这些 R/A-选项的保留配置分别是：$\{1/2, 1, 1\}$，$\{1/2, 1/2, 1\}$，$\{1, 1, 1/2\}$，$\{1, 1/2, 1\}$，$\{1/2, 1, 1\}$。（正如上面所指

出的，这些数字是所讨论的三个范畴中保留的**比例**。）**最佳的**配置是在词典排序中坚持到**最后**的，而且恰是它指出了这种情况中可以获得的最佳 R/A-选项。很显然，其中第三个选择是最好的，这是牺牲（4）的结果。

2.3 析取消解：冲突报道悖论

34　　确实，如果某些保留/抛弃-选项有相同的保留配置，那么前述规则就不能起决定作用了。然后我们就在没有唯一结果的情况下结束我们的优选范围。一旦发生这种情况，并且进一步的优先消去行不通时，我们就必须依靠一个**析取的**解决方案：那样我们就能说同等条件的选项中必须有一个是行得通的。这类事物在熟悉的悖论中是很少见的，但是当然是会发生的。

悖论之旅有时候是通过两难推理开始的。导致两难推理的悖论有下面的一般形式：

（1）如果 C，那么有 P。　　　　　假设 A。

（2）如果非 C，那么有 Q。　　　　假设 A。

（3）或者 P 或者 Q。　　　　　　根据（1），（2）。

（4）并非 P。　　　　　　　　　（根据假设 P 是不能接受的。）

（5）并非 Q。　　　　　　　　　（根据假设 Q 是不能接受的。）

（6）（3）与（4）-（5）矛盾。

这里不可避免的析取（C 或非 C）导致不可接受的结论（P 或 Q）。

因此考虑下面这个**两难困境悖论**的例子。假设你从汤姆那里借了 10 美元，从鲍勃那里借了 10 美元。在你还钱的路上你遇到抢劫，除了藏在衬衣口袋里的 10 美元之外，所有东西都被抢走了。你自己没有任何过错，但你面对下面的两难困境悖论：

（1）你必须给汤姆和鲍勃还钱。

（2）如果你还汤姆钱，你就不能还鲍勃钱。

（3）如果你还鲍勃钱，你就不能还汤姆钱。

（4）你无法做到两全其美：在这种情况下这是不可能的（根据（1）–（3））。

（5）（道德上）你必须做到两全其美。

35

（6）（道德上）你无需做你不能做的事情（*ultra posse nemo obligatur*）。

这里 {（1），（2），（3），（5），（6）} 构成一个不一致的集合。（1）、（2）和（3）是被假设为确定的事实。（5）和（6）是——或似乎是——基本的道德原则。最终的可信性排序是 [（1），（2），（3）] > [（5），（6）]。结论是（5）和（6）中有必有一个——或者两个都——被抛弃。这是上面考虑的目标情况的一个例子。

可以肯定的是，我们不必直接拒绝它们，而可以尽力以某种适当的形式保留它们，如下：

（5'）道德上要求你做到两全其美——尽管只有在允许的情况下才行（假设这些情况不是你自己造成的）。

（6'）（道德上）你无需做你不能做的事情（假设这种不可能不是你造成的）。

遵循这样的条件，可以按照现在熟悉的方法，通过抛弃前提来克服悖论。

其他析取消解的例子可以在**冲突报道悖论**中看到。假设有三个同样可信赖的同时期的民意调查，它们报道了人们在某个公共政策问题立场上的悖论结果：

	（1）	（2）	（3）
赞成	30%	55%	30%
反对	30%	30%	55%
不愿回答	40%	15%	15%

这里的民意调查（2）和（3）是不相容的：无法重新分配没有回答这些调查的被调查对象以使他们达成一致。因此我们必须在（1），（2）/（3）和（1），（3）/（2）之间做出选择，而它们的保留/优先性条件是一样的。 *36* 如果假设这个非确定性的结论：30%～70%赞成，30%～70%反对，那么

根据（1）&［(2)v(3)］，可以确保一个析取的结论。就我们的民意调查信息而言，这是一个平局——尽管乍看起来这并不是很明显。而这个解决方案是我们这里可以实现的最好方案，因为就保留优先性而言它们是一样的。（如果我们有理由忽略民意调查（2）或（3），那么结果就完全不一样了。）

另一个例子也很有启发意义。假设一个 3×3 的井字结构，再假设有三个信息源（A，B，C）给我们关于这个井字结构的报道，得到如下结果：

（1）在第一行有两个 X。

（2）在第二行有三个 X。

（3）在第三行有两个 X。

（4）没有一列有三个 X。

这四个主张显然是不相容的：给定（1）–（3），就无法实现（4）。我们得到一个悖论。

鉴于（1）–(4) 联合起来不相容，我们必须破坏这个不一致的链条。令（1）和（3）来自信息源 A，（4）来自信息源 B，（2）来自信息源 C。令信息源 A 和 C 是同样可信赖的，而信息源 B 的可信赖性略低。给定这种预期的信息源可信赖性上的区别，抛弃（4）是这里最有前途的方案。因此论题（1）、（2）和（3）被保留，而（4）被抛弃，所以我们把(1)，(2)，(3)／(4) 当作最佳的保留／抛弃-选项。

但是，如果我们够敏感，我们不会简单地拒绝 B 的所有证据。通过承认它有一些可信性，我们至少会试图使有三个 X 的列的数目最小化。而这导致的结论是恰好有一个列只有三个 X，因此超过了仅由（1）、（2）和（3）所传达的信息。

37　可信的主张是一些不牢固的思想，但它们依旧是有价值的。为了努力适应那些我们抛弃的论题（这是可能的）——不是简单地把它们当作假的而扔到被拒绝的垃圾堆中——我们可以从它们所提供的信息中获益。**在解决悖论的语境中，抛弃可信的命题并不是把它作为假的（因而是与语境无关的完全无用的）而摒弃。因此抛弃不是绝对的，而是依赖于语**

境的。这并没有完全废弃命题（根据其内在的可信性所拥有）的认知
功能。

2.4　复合悖论

（有关疑难的）悖论理论的一个基本事实是每个悖论原则上都可以通
过抛弃某些承诺来解决。因为如果我们摒弃（并因此不保证）构成疑难
簇的论题足够多，我们实际承诺的不一致性就不再存在了。但是，即使最
好的解悖方案也可能不是决定性的，它会使我们面对多个选项的析取，而
在此语境中没有哪一个可以被更好地证成。

如果我们在一个悖论的语境中抛弃一个论题，我们就不能在另一个悖
论的语境中也拒绝它吗？① 不一定。考虑由下面两个不一致的三元组构成
的不一致集：｛（1），（2），（3）｝与｛（3），（4），（5）｝，这里（1）＞
（2）＞（3）＞（4）＞（5）。看一下第二个三元组，我们将保留（3）而抛弃
（5）。但是如果我们看一下第一个三元组，我们会认识到必须被抛弃的是
（3）。如果关心整体一致性，我们必须（明显足够地）对相关悖论采取宽
泛且包容的观点。（但是，这里——与其他地方一样——把**一切**都考虑在
内可能是不切实际且不可能的。[8]）

前面的说明产生了一个**复合悖论**的例子，它包含一个由多个不一致循 *38*
环构成的疑难簇。因为一旦我们把所有相关命题放到一起，并且思考不一
致的集合｛（1），（2），（3），（4），（5）｝，我们就会发现这会导致前面提
到的两个不一致三元组。

这样一个复合悖论的具体例子如下。假设有下面四个联合起来不一致
的报道：

（1）这个房间里没有男人。

（2）房间里只有一个人。

---

① 这是原文的意思，但是根据上下文，此句似乎应该为："如果我们在一个
悖论的语境中抛弃一个论题，我们必须在另一个悖论的语境中也拒绝它吗？"——
译者注

（3）汤姆·史密斯在房间里。

（4）杰克·琼斯在房间里。

这个疑难簇包含三个不一致的圈：{（1），（3）}，{（1），（4）}，{（2），（3），（4）}。因此，全部的保留一致性可以由下面的 R/A-选项实现：（1），（2）/（3），（4）；（2），（3）/（1），（4）；（3），（4）/（1），（2）；（2），（4）/（1），（3）。因此如果我们有理由认为报道（1）比其他报道更可信赖，那么我们就会认为（1），（2）/（3），（4）这个解决方案能使我们在所有地方保留一致性，而依旧持有优先性最高的唯一论题。然后我们就会得到一个确定的结果：房间里只有一个女人。

但是假设我们有一个复合悖论，它包含三个不一致的圈（A，B，C），它们由三个交织在一起的不一致四元组构成，如 p. 39 中图所示。

注意，我们可以通过摒弃前提（5）来打破这里争论的三个不一致链条。但这是不是恰当的解决方案将完全取决于所包含的命题的优先性地位。比如，假设优先性情况是：

$$(5) > [(2),(4),(6)] > [(1),(3),(7)]$$

39

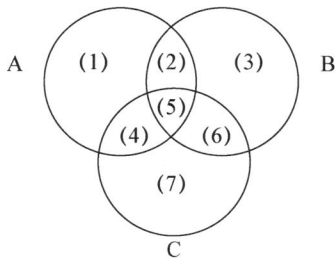

那么，我们就会（并且应该）毫不犹豫地抛弃三元组（1），（3），（7），尽管事实上只抛弃（5）就能完全保留一致性。

尽管复合悖论从理论的观点看很有意思，但它不是一个常见的现象。在有关悖论的大量文献中，没有一个标准悖论包含多个不一致的圈——它们都与不一致的 n 元组有关。

注释

［1］大量关于悖论的文献中所讨论的大多数悖论只包括一个单一的

不一致的圈，因此对于所讨论的这个规模的不一致集合来说，它有最低的不一致指数。

［2］基于此，一个集合不一致的相对程度可以由 $(k-1) \div (n-1)$ 的比率来测量，这里 k 是 MCS 的数目，n 是集合元素的数目。这种集合不一致指数的范围可以从 0（一致集合的情况）到 1（个别一致命题构成的极大不一致集合的情况）。

［3］参看他的 *Autobiography* 第五章。

［4］Rosalie L. Colie，*Paradoxia Epidemica*：*The Renaissance Tradition of Paradox*（Princeton：Princeton University Press，1966）.

［5］关于这个悖论及相关问题，参看 Richard M. Gale，*The Nature and Existence of God*（Cambridge：Cambridge University Press，1991）。

［6］确实，坚定的无神论者可能有不同的优先性排序——其中（1）可能被假设为排名最低的。

［7］关于具体的说明，参看下面的 pp. 37-38。

［8］就此而言，库萨的尼古拉的话依旧有道理："因此，有限的理智无法根据比较到达绝对的真理。真理就其本质而言是不可分割的，它排除'更多'或'更少'，所以只有［整个］真理自身才能成为真理的精确测量工具……我们的理智与真理的关系就像多边形与圆形的关系，多边形会随着其角的增加而与圆形越来越像，但是除非被简化为与圆形同一，角度的增加（即使是无穷多）不会使这个多边形等同于圆形……我们从这种无知中学到的越多，我们离真理自身就越近。"Nicholas of Cusa，*On Learned Ignorance* I，iii，translated by Germain Heron（New Haven：Yale University Press，1954）.

第三章
考虑的悖论

- 摩尔悖论
- 视错觉悖论
- 彩票悖论

第三章　可信性是优先性的向导

3.1　优先性最低的论题：无意义和假

消解疑难悖论的最简单方法是认为其某个核心前提是完全站不住脚
的，它或者是无意义的或者是假的。这里的假很简单，但是无意义却非常
复杂，因为有不同的路径可以达到此目的。**解释学上的**无意义是指字面上
没有意义的、非理智的胡言乱语。**信息上的**无意义是指荒谬的、不传达任
何有用的信息。**语义学上的**无意义是指缺少任何固定的真值地位，所以不
管怎样这里没有事实问题。"黄色比木质触角重"这句话是解释学上无意
义的：我们无法理解它。"他画了一个方形的圆"是信息上无意义的：它
不恰当地用一个词（"方形"）来修饰另一个词（"圆"）。我们——在某
种程度上——理解所说的话，但却认为它是荒谬的。最后，"本句话是假
的"是语义学上无意义的：它既不是真的也不是假的。[1]

原则上，有多种不同的路径可以导致无意义陈述：语法上不恰当，定
义冲突，范畴混乱，假设冲突，以及空指称。一般来说，前两个产生了解
释学上的无意义，接下来两个导致了信息上的无意义，空指称导致语义学
上的无意义。

尽管无意义可能是悖论的前提的最大缺陷，但是单纯的假是另一回
事，它不是那么严重的错误。据此，考虑一下**摩尔悖论**的例子。摩尔悖论
主要关注"P 但我不相信它"[2]这种说话形式的悖论本质。这个论点传递
的有用教训是关于"接受"的复杂性的。这里的问题依赖的事实是我们
对某些事物可能有"两种想法"：我们既认为有些如此这般的事实，但又

发现它们介于很难接受与不能接受之间。（"很难相信有些南方将军最终竟然会成为美国军队的将军"，或者"很难相信一个美国总统在其与白宫实习生有染事件被广泛报道之后竟然还能继续留任"。）因此摩尔强调下面这种句子形式的悖论本质："P 但是我不相信 P"（"整个物理宇宙曾经比针头还小但是我并不真的相信"）。一般来说，可以肯定的是断定"P 但 X 并不相信它"并不反常。困难只来自人们自己的个人情况。正如摩尔所理解的，困难源自说话者（根据他的断定）所蕴涵的东西与他所陈述的东西之间的冲突、隐含的东西与显现的东西之间的冲突。

为了明确表达这里产生的悖论，令 S 是如下形式的陈述："P 但是我不相信 P"。现在考虑：

45

（1）S 做出了一个传递融贯信息的有意义陈述。（一个可信的假设。）

（2）在做出"P 但也是 Q"这种形式的断定的时候，说话者通过蕴涵表明他接受 P。（一个逻辑-语言事实。）

（3）在做出"P 但我不相信 P"这种形式的断定的时候，说话者公开陈述了他拒绝 P（即他不接受）。（一个逻辑-语言事实。）

（4）从（2）和（3）可以得出：在做出"P 但我不接受 P"这种形式的陈述的时候，说话者通过表明他既接受 P 又拒绝 P 而与自己相矛盾。

（5）（4）与（1）不相容。

在此情境下，我们别无选择只能抛弃（1）。因此，由于自相矛盾，"P 但我不相信 P"这种形式的断定在合理交流的语境中是站不住脚的。[3]

因此摩尔考虑的悖论被消解了，因为其中一个关键前提——（1）——是完全站不住脚的。因为尽管 S 这种形式的悖论性陈述是完全可理解的（**解释学意义上有意义的**）并且人们确实毫无疑问地这么说，但是它们并不是**信息上有意义的**——从它们那里无法推出我们能够处理的有用信息。（可能更一般的反应是，说"P 但我不相信它"这句话的人只是用不严谨的方式简单表达下面这类话："尽管我很清楚地知道 p，但是我依旧发现很难接受它是这样的"，而这句话是完全有意义且没有问题的断定。）

　　但是，通过把某个关键前提当作是假的或者是（更坏的）无意义的来拒绝，并不能轻松地解决每一个悖论。因为依旧有很多悖论不能通过这个策略来拆解。有时候我们需要考虑相对可信性。

3.2　相对可信性和优先性

　　但是，相对低的可信性是悖论性前提的另一个重要缺点。命题的优先 *46* 性地位对于冲突问题的解决也是至关重要的。考虑下面的句子：

　　　　（1）所有 A 都是 B。
　　　　（2）这个 A 不是 B。

　　如果把（1）当作自然规律而把（2）仅仅当作一个猜测，那么我们当然要把（2）当作情境中站不住脚的而拒绝它。另外，如果仅把（1）当作一个理论——姑且当作**候选**的自然规律——而（2）报道发现了一个显然的观察事实（比如，澳大利亚的黑天鹅是"所有天鹅都是白的"这个论题的反例），那么必须抛弃的就是（1）。因此，优先性排序与命题**说**了什么无关，而是与它在事物的更大的模式中所具有的认知地位有关。

　　因此，优先权和优先性的评定与命题的陈述**内容**无关，更可能的或更可信的命题并没有以某种方式**说**"我是更可能的/可信的"。其优先权和优先性排序与我们声称在认知情况中所持有的系统地位或状态有关。（这里想一下数学或形式逻辑中相似的公理。成为公理与命题所**说**的无关，而是与它在所讨论的命题系统中的认知**状态**或**地位**有关。）

　　如果一个论题与我们所知道的事情是**相容的**，那么它是最小可信的。除此之外，可信性依赖于我们通过证据对其承诺的程度，以及它在我们整个认知承诺中的中心地位。我们不会也不愿意把所讨论的认知环境中不太可能的主张当作可信的。

　　关于可信的论点如何导致悖论，考虑一个例子。视错觉总是导致极小悖论。比如，如果把木棍斜插入水中，木棍看上去是弯的，这就是一个错觉。这里我们有两个报道：

47

    （1）木棍是弯的。（如视觉所示。）

    （2）木棍是直的。（如触觉所示。）

这两个报道明显是不相容的。为了解决这个**视错觉悖论**的不相容，我们通常必须评估所涉及命题的**相对**可信性。因此，既然对短小事物的形状来说触觉比视觉更可信赖，那么我们通过选择（2）而放弃（1）来解决这个疑难。

再者，考虑在尾端有反向箭头的同样长的线段所导致的视错觉。

    （A）   ⟵——————⟶

    （B）   ⟶——————⟵

这里我们有：

    （1）线段（A）比线段（B）短。（如视觉所示。）

    （2）线段（A）与线段（B）一样长。（如测量所示。）

既然在这种事情中测量通常比视觉更可信赖，我们可以通过直接主张（2）来解决这个疑难。

基于对主张的可信性的更大背景的考量可以选取优先性，由此所有视错觉导致的疑难情况都可以得到解决。

3.3 可信性问题：可信性评估和优先性确定的路径

48
我们赞成的命题有两个维度：命题所断定的解释学维度或内在地内容导向维度——命题的意义；我们承诺的宽框架中的那些论题的认识地位或状态的认识维度或外在地状态导向维度。

第一个（解释学的）维度与命题的断定有关——与它回答问题的范围有关。第二个（认识的）维度与关于这个命题所能回答或应该回答的问题有关：它是公理还是推演出来的？它是确定的、可能的还是仅仅可信的？其地位仅仅是假设或假定还是确定的事实？现在正如我们一直考虑的例子所表明的那样，解决悖论和二律背反的首要要求通常不是用逻辑机制详细的阐明所包含命题的**内在断定内容**，而是根据反映一个命题的语境可靠性的优先性排序，评估这个命题的**外在状态**的工具。这里起作用的是优先权或优先性原则的可用性，它们在冲突情景中决定哪个命题胜出。

处理悖论的一个重要事实是可以通过抛弃悖论的低优先性前提来解决悖论。有两种主要方法决定解决悖论所要求的命题优先性，即命令与探究——或者，等价地，规定与调查。关于前者，有一个区分对于现在的目的来说非常重要：**规定**（或**规定的假设**）与**假定**（或**虚构的假设**）之间的区分。对这里要使用的术语来说，"规定"是基本条件，它根据约定的命令制定了问题的条件。由此，规定能够并且应该被看作确定的事实，尽管习惯上会说这种规定是"根据假设"［*ex hypothesi*］而为真的。相反，充分的假设是"为了讨论"而做的设想。它们并没有资格成为真的，我们只是受邀与它们一起，使它们暂时沉浸在"悬置怀疑"的状态中。因此考虑这个推理的片段：

（1）假定原本空无一人的房间里坐着三个人。

（2）令其中一个人叫作"亨利"。

（3）其他两个人也叫作"亨利"。

那么，（4）这个房间里所有人都有相同的名字。

这里（1）和（2）代表规定——也就是根据命令为真。相反，（3）仅仅 *49* 是假设。在所讨论的语境中，我们承诺（1）和（2），而（3）只是临时假定。作为（3）的偶然后承，（4）也是临时的且"仅仅是假设的"状态。第二对儿陈述的地位与第一对儿陈述的地位非常不一样。

在疑难冲突的例子中，限定问题的规定当然享有免于出现逻辑不一致的权利。[4]根据限定论题的命令，它们——以及它们根据蕴涵和预设所推出的派生物——是我们准备接受的东西。如果接受限定论题的规定 H，我们就会根据事实得出其否定非-H 在所讨论的语境中是站不住脚的。在出现其他高优先性主张的地方，与 H 的自然后承相冲突的任何东西也必须被抛弃。比如，假设的合法派生物支配着单纯事实的合法派生物。因此如果铅条（因为铅不导电，所以铅条也不导电）是由铜构成的，那么它就是导电的（因为铜导电）。

但是，除了规定之外，与优先性排序有关的是可信性——关于这里的

44

论点在何种程度上是确定地根源于事物的认知模式的。这不只是证据的问题，而且是人们整个信念的系统化问题。因此，如果我对大象了解不多，那么一旦我知道大的哺乳动物比小的哺乳动物寿命长是一条规律，认为大象比大猩猩寿命长就是可信的了。但是大动物比小动物吃得更多是更确定的规律，因此大象比大猩猩**吃**得多有更大的可信性。

在探究事实的语境中，如果有好的理由认为一个论点是真的（主张这个论点的好的根据，即强有力的证据或可能的理由），那么这个论点是可信的。确实，这是"探究语境"的特点。可以肯定的是，就可信性与

50 认知优先性来说，还有其他种类的语境，在其中还需要其他种类的考量。在适当的时候，我们应该明白不可信的优先性如何起作用以及哪种基础规则在这里起作用。这些情况的基础最终是语用的，并且依赖于所考虑的各种语境中讨论的具体目的。

总之，在探究语境中我们得到下面的优先性排序。首先是限定论题的规定。不管发生什么它们都有优先权。但由此开始，问题就与可信性有关了。在此，逐渐递减的优先性排序如下：

- 定义与公认的概念必然性论题（语言学约定，数学关系，以及所包含的逻辑原则）。[5]
- 与探究和世界观有关的、基本的理性程序的基础规则与原则。
- 先前根深蒂固的、由观察而来的或由经验而来的、与世界的方式有关的"无法改变的事实"：有归纳根据的规律和充分确认的合法概括。
- 有关具体的偶然事实的充分证实的承诺。
- 有关属关系以及（其次）有关具体事实的合理保证的论点。
- 有关一般关系以及（其次）有关特定事实的临时假设与不确定猜测。
- 有关一般关系以及（其次）有关特定事实的推测假定。

这个名单的中间区域适用于被亚里士多德在《论题篇》开篇中称作**共同意见**的那类命题——也就是说，一般公认的信念与广泛接受的观点。（这种考量恰当地表明所讨论的不必是特别的**真理**。）

这种可信性排序通过指定优先性反映了某些普遍的优先原则：

> ——相对更基础的、更基本的。
> ——相对更一般的、影响更深远的。
> ——相对更接近事实的、更少猜测的。
> ——相对证据更充分的、更可信赖的。
> ——相对更语境一致的或不太牵强附会的。

进而，对可信性来说起作用的是系统性的诠释或我们信仰的基础。因此，就可信性而言，优先权和优先性很大程度上是由事实探究的目的论目标结构所固有的标准和原则决定的，即帮助我们尽最大的努力获得关于事物实际如何这样的问题的可存活的答案。

可信性是我们解决悖论的首要指导。但是，正如在日常生活中一样，在考量的时候对损失的控制通常是有代价的。当我们抛弃的命题是无意义或假的时，抛弃它们实际上是没有代价的。但是对于可信命题来说，并非如此。显然，一个论题可信性越高，抛弃它的代价就越大。在放弃一个可信论题时，我们总是丢失一些我们（理念上）想要保留的东西。如果必须这么做是因为没有免费的替代方案，那么我们就要把所承受的损失看作获得最好交易的代价。

我们天生渴望实现这种迫切需要的一致性，这是理性融贯性的首要因素。但是，不幸的是，悖论给我们带来的疑难情况是一种不一致。这些情况中的首要要求是尽可能克服这种不一致。这就要求首先把复合断定分解为其构成部分，对这些论点的相对强度进行评估。在刚提到的系统契合意义上，可信性是我们衡量强度的标准。由此，解决悖论的关键在于最弱环节原则，即在最脆弱环节（即其阿喀琉斯之踵）上突破不一致链条，而脆弱性的标准是相对可信性。

3.4 反驳语义绝对主义

如果一个悖论的前提表示已知的事实（以及由之得到它们的否定：已知的虚假事实），那么就无需讨论了：我们必须把它们放在一边。但如果它们只是可信的而非已知的真理，那么我们就敢于对它们进行检验。

因此，这里考虑的处理疑难情况的方法完全不同于传统的方法，后者唯一依赖的是把某些产生冲突的论题当作假的来抛弃，而并不诉诸可信性。如果作为真来接受是唯一的保证模式，那么解决冲突就要求识别虚假。但是，如果把接受的范围想象得更广，以至于也包括接受仅仅可信的东西，那么拒绝论题就不需要是范畴的（直接当作假的）。因此，抛弃并不是最终的、绝对的，而是**在语境中**基于这里最弱环节的抛弃。一个论题是一个语境中的最弱环节并不意味着它也是其他语境中的最弱环节。我们在一个语境中必须拒绝的可信论题在其他语境中可能还存在。正如我们在2.3节中看到的，在处理悖论的语境中抛弃一个论题并不必然排除我们可以从它得到某些有用信息。

确实，一个逻辑的严格主义者可能会有如下反对：

> 越过"接受为真"而想象更包容的、更少限制的"接受为可信"是没有意义的。因为这里出现的矛盾表明这种放纵为悖论和混乱提供了途径。

但是，拒绝所有可信性考虑的严格主义是要付出代价的。因为如果我们把我们对范畴确定性的要求扩展得太远，那么我们这样做的代价就是无知——对我们的问题失去有希望的答案。现在的考量的主要目的和意图是详细表明不一致性不是最终的致命缺陷。悖论不必导致混乱。只要我们有一个任我们处置的、决定优先权和优先性的合理机制——我们确实有——我们就拥有了阿里阿德涅（Ariadne）的线球，它引导我们走出悖论的迷宫。

这里我们遇到了可能是对现在的可信性方法最大的挑战：**语义绝对主义**，其论证如下：

> 我们同意通过忽略来对一致性进行限制的想法。但我们并不是根据相对最小的可信性而认为链条上弱的环节仅仅是语境上不成立的，相反我们坚持把它当作完全假的而抛弃。

但是这种变体的严格方法有严重的缺点。很多悖论不能通过前提的假来拆解。比如，这可以由**彩票悖论**中包含的情况来解释。考虑在1—

52

1 000 000 范围内抽出一个整数。现在考虑下面导致疑难的集合：

（1）有些处于 1—1 000 000 范围的整数将被找出来。（问题情况　*53*
的定义条件。）

（2）特殊的整数 i 不会被找出来。（非常可信的命题，因为高度
的可能性。）

（3）论题（2）对 1—1 000 000 范围内**任一**——因而**每一个**——
特殊值 i 成立。（（2）的后承以及此问题的定义条件。）

（4）根据（2）和（3），1—1 000 000 范围内的整数没有被找
出来。

（5）（4）与（1）矛盾。

这里 ｛（1），（2），（3）｝ 构成不一致的三元组。根据所指出的考虑，
优先性情况是（1）>［（2），（3）］。据此，我们需要抛弃不会找出特殊整
数这个理念——尽管我们仍然不明白这是如何发生的。我们所能说的是
1—1 000 000 范围内有些（否则就是不可说明的）整数是可以找出来的。
（后面 pp. 222－224 会回到这个悖论。）

由此，有的语义绝对主义认为"抛弃的只是那些你可以具体得出其
为假的论题"，这样的语义绝对主义会使我们陷入困难。有时候，我们只
能得出一组论题中的某个必须是假的，但是不能具体得出哪一个是假
的。[6] 这就是用各种可信性而不是单纯真/假来处理的好处。因为这使我
们可以通过抛弃相对可信的命题而不是要找到可以确定为假的命题（因
为它很可能证明是行不通的）来解决悖论。在解决悖论的时候，我们面
对的是一个两难选择：为了保留一致性，必须抛弃一些相关主张——某些
对象必须让位于其他对象。我们不能全部保留而必须无奈地接受最小化的
损失。对于这种评估损失的工作来说，可信性足以胜任。

注释

［1］这里讨论的区分可以追溯到胡塞尔对解释学上的无意义与信息上
的无意义的区分、没有意义（unsinn）与反意义（widersinn）的区分。前
者是完全无意义的，后者仅仅是混乱的、自我冲突的。参看 Edmund Hus-

serl, *Logische Untersuchungen* (Halle：Niemeyer，1891)，vol. I，pp. 110 – 116，translated by J. N. Findlay (London：Routledge；New York：Humanities Press，1970)。

[2] 这个悖论在 G. E. 摩尔的著作 *Ethics* (Oxford：Clarendon，1912)，P. Schilpp (ed.)，*The Philosophy of G. E. Moore* (La Salle：Open Court，1942)，pp. 430 – 433，以及 P. Schilpp (ed.)，*The Philosophy of Bertrand Russell* (La Salle：Open Court，1944)，p. 204 中皆有所讨论。(前面那本书包括一篇由莫里斯·雷泽诺沃兹 [Morris Lazerowitz] 写的有关摩尔悖论的文章 [pp. 371 – 393]。)这个悖论在中世纪就已经为人所知了。萨克森的阿尔伯特 (Albert of Saxony) 讨论了下面这种形式的命题的悖论本质："苏格拉底相信他自己在相信某个命题 A 的时候被骗了"，因为在相信 A 的时候苏格拉底把它当作真的，而在相信他自己被骗的时候他把它当作假的而拒绝它。(参看 Kretzmann and Stump 1988，p. 361。)基于此，阿尔伯特发展出一个复杂的论证，得出结论说苏格拉底(即任何人)不可能知道他弄错了某个具体的事实 (ibid.，pp. 363 – 364)。相似的是，威廉·海特斯布瑞 (William of Heytesbury，约 1310—约 1370) 在 *Regulae solvendi sophismata* (约 1335 年) 中论证说人不可能怀疑他知道的东西。(参看 Boh 1993，pp. 48 and 67 – 68。)"没人知道真相" (Nihil scire potest nisi verum) 成了公认的名言。

[3] 考虑一下斯宾诺莎对下面这种人的轻蔑否定，"他们说自己有真观念但是又怀疑它有可能是假的"(*Ethics*，bk. I，prop. 8，sec. 2)。

[4] 对于逻辑不一致导致的复杂问题，参看下面的第十二章。

[5] 规定甚至可以支配它们，这将在 12.6 节中讨论的**实际上不可能的**推理中变得很清楚。

[6] 5.1 节中讨论的**连锁悖论**提供了另一个好例子。

第四章
考虑的悖论

第四章 悖论性的层级

4.1 悖论解决的四种模式

通过消除疑难簇的不一致来解决悖论要求抛弃其中包含的某些导致 57
矛盾的前提。但是这样做的重要依据是不同的，比如：

1. 可以独立地确定。对于这里讨论的疑难矛盾来说至关重要的
某些前提或者是无意义的或者是完全假的并且因此可以全被抛
弃——达到的效果是重新恢复一致性。[在前一种（无意义）情况
下，悖论可以**在解释上消解**，在后一种（假）情况下，可以**在证明
上消解**，因为它是站不住脚的。]

2. 可以确定。对于这里讨论的矛盾至关重要的某些前提是相互
关联的，使得某些前提成立的任一解释环境或应用环境中都有某些其
他前提不成立（即，是假的或无意义的），所以没有一种可能的方法
使得所有重要前提可以同时为真。（在这种解释不一致的情况下，根
据模糊性或歧义性，悖论在**语词上被消解了**。）

3. 可以确定。对于矛盾来说至关重要的某些前提相对于其他矛
盾来说是相对不那么可信的，以至于可以在所讨论的语境中拒绝
它们。

另外——

3a. 为保留一致性而抛弃极小可信性论题可以以一种方式实现。 58
（在这种情况下，悖论**通过可信性考量而被确定地解决了**。）或
者——

  3b. 为保留一致性而抛弃极小可信性论题可以以多种不同但同样合适的方式实现。（在这种情况下，悖论通过不同可能性的析取而被**不确定地解决了**。）

按照初始列表中的条目 1，有必要回忆一下：有两种不同的路径可以得到疑难前提的无意义。因为区分**解释学上的无意义**和**语义学上的无意义**是很重要的。当对所讨论的命题无法给出有信息的解释意义时，就有了解释学上的无意义：这几乎是无需解释的废话。相反，语义学上的无意义产生自没有任何方法为所讨论的命题指派一个确定的真值，使它或者是确定真的或者是确定假的。

所讨论的悖论或者容许拆解，或者允许有确定地消解，或者仅仅允许有不确定地析取的解决，据此我们可以得到三个层次的可信性。另外，在第一种情况下，我们不再把这个假设的悖论看作真正严重的问题，因为我们现在把它看作实际上是某种错误所导致的——这个悖论依赖于错误的接受无意义的或假的或不能同时成立的论题。

必须注意的是悖论的**困难**完全不同于其悖论性的层次。因为这关系到确定一个解决方案所需的可存活性与相对优先性的复杂程度。这关系到人们需要克服的概念与认知障碍，克服它们才能为具体地可接受性决定与评价优先性提供一个有效的依据，而这又为悖论解决提供了根据。

4.2　可消解的悖论

埃利亚的芝诺大约出生在公元前 495 年，他是古希腊最著名的、最有影响的前苏格拉底哲学家之一。[1]亚里士多德把他当作哲学辩证法的创造者。他著名的运动悖论是无数论文与讨论的主题。为了表明运动是不可能的，他设计了很多论证，其中之一是经典的**赛场悖论**，这个悖论可以表述如下：

> 跑步者准备参加从起点到终点的比赛。但是要想抵达目的地，他必须先抵达一半距离。要想抵达**这个**目的地，他必须先抵达**这个目的地**的一半距离。这个过程将无穷进行下去。所以跑步者根本无法开

始——他是不动的。

这里讨论的悖论根植于下面的疑难簇：

（1）为了抵达任何目的地，跑步者必须先抵达中途一半的地方。

（2）要想通过重复（1）中提到的原则到达最终的目的地，就要求之前的抵达目的地的系列是无穷的（不断的）而且必须提前实现。

（3）既然跑步者按照有穷的速度移动，而每一个他想要抵达的目的地都要求一个有穷多的时间。

（4）所以，根据（2）和（3），抵达目的地要求无穷多的时间，因为无穷多的有穷数量无法产生一个有穷的整体。

（5）因此跑步者根本无法抵达目的地。（根据（4）。）

（6）但是既然这个论证是一般性的而且对于任意目的地都是成立的——因此对于任意不同的出发地点都成立——跑步者是不动的。

（7）但是众所周知，跑步者并非不动的：他可以并且将要抵达　*60*目的地。

（8）（7）与（6）矛盾。

在寻找美中不足——不一致链条上的薄弱环节——的时候，怀疑主要集中在论题（4）的内容，即无穷多的有穷数量不能产生有穷的整体。因为在简单进行这种有穷-无穷对比的时候，这个论点否定了所讨论的有穷**数量**的**规模**问题。关于这个问题的事实是无穷多逐渐减小的数量实际上可以构成一个有穷的整体——正如现代数学在这种情况下所展示的：

$$\frac{1}{2} + \frac{1}{4} + \frac{1}{8} + \cdots = 1$$

所以这里把（4）当作假的而抛弃就排除了不一致，并因此解决了悖论。但是表面看起来这并不是显然的，因为这里拒绝假的理由需要诉诸有关无穷序列的数学。

因此芝诺的赛场悖论说明了之前提到的悖论性层次与困难层次的区别。它的悖论性层次不高，因为可以通过拒绝一个关键前提而毫无问题地解决它。同时，通过一个更宽泛的理由来确定这些有缺陷的前提是站不住脚的，这是一个很微妙且困难的问题。决定性的解决悖论之刺是一个很复杂的问题。

另外，考虑下面的**证成悖论**，它在亚里士多德的思想中就已被明显地勾勒出来了：

（1）一个合理的信念必须基于有理由证成的考量。

（2）一个信念的理由不能包括信念自身，因为这将产生恶性循环。没有信念可以在其自身的恰当证成中起作用。因此一个信念的理由必须总是包括其他不同的信念。

61　　　（3）既然这会导致无穷后退，那么不会有合理的信念这种事物。

（4）我们充分认识到很多信念是被合理证成的。

亚里士多德对这个疑难的解决有两方面。就**必然的**信念而言，他拒绝（2），而认为这些信念实际上是自证的，所以这里的理由倒退终止于自明。（他坚称，在必然真的情况下，这种自证并非恶性的或破坏性的，而仅仅是使它们必然性的本质变得更明显。）在**偶然的**事实信念情况中他拒绝（1），认为它们的有效性不需要通过进一步的信念来协调，而是可以依赖直接的经验过程。

4.3　决定性的可消解悖论

考虑下面的**宇宙解释悖论**：

（1）每一个自然的特征都有一个自然的解释。

（2）**因此**，整个自然，即宇宙，有一个令人满意的自然解释。

（3）自然解释根据自然的其他一些特征解释了自然的某些特征。

（4）但是在用因果关系解释整个自然时，我们不能使用其部分或特征，因为这将导致破坏性循环。

（5）**因此**，我们不能对整个自然给出一个令人满意的自然解释。

（6）（5）与（2）矛盾。

但是，（1）是有歧义的。它的意思可以是"自然的每一个**部分**特征"，在这种意义下它为真但又不会导致（2）。或者它的意思可以是"自然的每一个特征——所包括的**整体**特征"，在这种意义下它会导致（2），但会有问题并且——在现在的语境中——让人不解。因此（1）的问题本质导致悖论是决定性地可解决的。

历史上复杂精致悖论的一个著名的例子是塞万提斯的小说《堂吉诃德》（第51章，II）中的**桑丘·潘沙的绞刑悖论**。这里桑丘·潘沙是一个岛屿的主人，在这个岛上他必须坚持一项古怪的法律，该法律规定，到达的旅客都要被问到他们的计划，并且如果他们回答错了就要被处以绞刑。一天桑丘不得不解决一个旅客提出的问题。当这个旅客被问及来这个岛要干什么时，他回答说"我是来被处以绞刑的"。现在如果他被处以绞刑，这个答案就是真的并且这个惩罚不再适用，而如果他不被处以绞刑，那么这个答案就是假的并且按照法律他将被处以绞刑。[2]

最后的情况符合下面的总结：

旅游者	旅游者所说	因而法律要求
被处以绞刑	是真的	不被处以绞刑
不被处以绞刑	是假的	被处以绞刑

不论怎么样旅游者的命运都不会与法律的要求一致。

这种情况产生了下面的疑难簇：

（1）始终应该遵守法律。始终应该满足法律的要求。人们（始终）应该按照法律的要求做。

（2）"不能"蕴涵"无需"：人们没有可能做的事情实际上永远没有义务做。（正如罗马法律格言所说：力所不及，何必强求 [*Ultra posse nemo obligatur*]。）

（3）应该蕴涵能够：人们按照法律**应该**做的事情必须是可能的。（通过换质位从（2）可得。）

（4）在某些情况下——比如"绞刑架"故事所示例的那些情况——人们无法按照法律要求的做。

（5）在某些情况下，人们无需按法律要求的做。（根据（3）与（4）。）

（6）（5）与（1）矛盾。

这里 {（1），（2），（4）} 构成了不一致的三元组。现在（1）描述了一个可信的合法的典范，而（2）是法律伦理理性中的一个基本公理。（4）是这里的定义假设中的一个方面。总体的优先性排序是：

$$（4）＞（2）＞（1）$$

最终（2），（4）/（1）是此悖论的恰当解决方案。根据这三个少数范畴中所保留的论题的前景，没有其他 R/A-选项可以匹配 {1，1，0} 的可接受配置。人们必须对这个法律视而不见，也许可以论证（1）是假的，因为有时候"法律就是个屁"并且会要求一些很荒唐的东西。

桑丘睿智的回答所遵循的正好是"不管我怎么决定，都会违背这个法律，我可能同样也很宽容，因而把这个可怜的人放走"。这很好理解。在此情境下，这种情况的默认前提"法律将被遵守：所做的事情应该与法律一致"在这种情况下需要被完全抛弃，因为这种情况的建构方式使得这个法律不可能被遵守。这个悖论依赖于错误地预设了法典的规定是可以并且应该一直被遵守且有意义的法律，由此可以解决这个悖论。

另一个可以彻底解决的司法悖论的例子是普罗泰戈拉的**合同悖论**这个古代故事。这个悖论在古典时代被广泛传播，它来自下面这个故事：

64

　　古希腊智者兼教师普罗泰戈拉与一些学生签订了合同，学生要付学费当且仅当他们赢了第一个官司。其中一个学生（聪明的欧提勒士）在法庭上控告要求免其学费，其论证如下："如果我赢了这个案子，那么根据法庭判决我不需要给钱。如果我输了，那么根据合同我不欠钱，因为这是我的第一个案子。"当然普罗泰戈拉并不傻，他有正好相反的论证。[3]

这里产生的悖论存在于下面的疑难对儿中：

（1）法庭的判决应该依据合同的规定。但是——

（2）在具体的环境中，这个合同与法庭的判决一定是不一致的，原因如下：

法庭的判决	案件的胜诉方	合同的描述
需要付费	普罗泰戈拉	无需付费
无需付费	欧提勒士	需要付费

因此，法庭的判决永远无法与合同的描述相一致。

因为论题（2）代表了这个问题的定义假设，所以无需论证它。唯一可行的选项是通过诉诸下面这个合法的公理来抛弃（1）：一个荒谬的合同不是合同因为它使自身无效（*conventum absurdum non est conventum*）。确实，对疑难的通常考量表明（1）应该被抛弃，但这并没有告诉我们应该用什么——如果有的话——替代它。这要求仔细审视我们面前这个特殊悖论的实质性细节。基于此，在这种情况下，法庭的唯一明智选择是做出裁决并让它优先于合同的描述（因而抛弃（1））。现在这种情况的显著特征是争论双方的情况完全是对称的，正如普罗泰戈拉的回应所指出的那样。因此，根据正义的基本原则"用相似的方式处理相似的情况"，法庭的明智裁决是在双方之间平分争论的数额（学生的学费），把合同中商定数额的一半给普罗泰戈拉。确实，这要求明确地——并且是蓄意地——牺牲论题（1），但是在此情境中，这是完全恰当的。 *65*

但是，无论如何，这个悖论都可以被彻底解决，因为很清楚**哪个**疑难前提必须被抛弃。这里唯一的真正问题是**为什么**——如何精确地阐明这种抛弃的证成理由。值得强调的是，这类事情往往是悖论处理过程中最有挑战的、最困难的方面。

通过比较桑丘·潘沙的悖论与普罗泰戈拉的合同悖论，我们可以发现它们恰好有相同的类结构，正如那些详细描述各种选项的图表中所显示的那样。（这也是下面10.2中将要讨论的说谎者悖论的情况。）基于此，古典时代的斯多亚学派的悖论学者认为这种悖论基于"翻转"（*antistrophê*）[4]，因为可以得到一个基础的对称，使得不论一边可能说什么，另一边可以有一个等价的相反回答。即，我们的情况不仅是认知相等的，而且事实上也是结构上同一的论证，这种情况既适用于论题 P，也适用于其否定非 $-P$。

4.4 非决定性的可消解悖论

有些悖论并不承认决定性解决。比如，考虑下面的**存在悖论**：

（1）现实是合理的。每个实际的事态都有一个为什么如此的理由（即，为什么是这样而不是那样）。［这是"充分理由原则"。］

（2）**因此**，世界存在是有理由的——而且确实有它这样存在的理由。

（3）一个平凡的（有关世界的）事实的令人满意的解释要求一个平凡的理由。（用更晦涩的东西解释晦涩的东西是理性所禁止的。）

（4）**因此**，可以根据平凡的事实对现实进行解释。

（5）任何平凡的（有关世界的）事实或者是部分的，或者是全部的：它必须或者与自然的某些方面或部分相关，或者与它的某些特征相关。

（6）但是世界的令人满意的解释不能是部分的：整体不能通过其自身的某些部分或方面得到令人满意的说明。

（7）世界的令人满意的解释也不能是来自平凡的世界之中的，那样将是循环论证，因为这将是用整个现实来说明它自己。

（8）**因此**，对于整个世界的存在的令人满意的合理解释是不存在的。

（9）（8）与（2）矛盾。

显然 ｛（1），（3），（5），（6），（7）｝构成一个疑难簇。这里（3）规定了最高权力和理性**运作**的基本原则，而（5）是不可避免的逻辑原则。相反，（1）、（6）和（7）只是可信的原则。因此，我们得到如下优先性排序：（5）＞（3）＞［（1），（6），（7）］。鉴于此，根据最优的 R/A-选项可以得出悖论有三个可存活的解决方案：（3），（5），（6），（7）/（1）；（1），（3），（5），（7）/（6）；（1），（3），（5），（6）/（7）。因此，可以得到三种不同的解决方法：

拒绝（1）。抛弃现实的可解释性理念。

拒绝（6）。依据宇宙进化。这预设了一种自然主义，这种自然 **67**
主义把世界的整个本性与世界的规律看作（对于某些物理存在的原
状态来说）是随着时间推移而逐渐显现出来的。

拒绝（7）。拒绝这个理念：自我解释总是恶性的。接受某种循
环并且区分恶性的与良性的循环。

我们面临着三个选择，但其中没有一个能通过考虑一般原则而战胜其
他竞争对手。一个析取的解决方案是我们能实现的最好的方案。

最近认识论文献中广泛讨论的另一个悖论最初由伯特兰·罗素在
《人类知识》[5]中提出，并在盖梯尔的一篇广泛讨论的文章中[6]有详细论
述。这个**罗素-盖梯尔悖论**如下：

（1）X 相信（接受）$p \lor q$。

（2）X 相信这个只是因为他有很好的理由相信 p，但他不相信 q。

（3）但是，事实上，q 是真的，而 p 是假的——尽管 X 处置的所
有证据都指向它。

（4）X 对 $p \lor q$ 的信念是（主观上）被证成了的（因为这可以从
他合理相信的东西那里演绎出来）。

（5）X 对 $p \lor q$ 的信念实际上是真的。（根据（3），因为 q 是
真的。）

（6）如果一个信念既是主观上被证成的又是客观上真的，那么
它就构成了知识。因此，X 知道 $p \lor q$。

（7）然而我们不能也不会信任 X 有 $p \lor q$ **知识**，因为他接受它
的基础是完全错误的和不恰当的。

（8）（7）与（6）矛盾。

给定这个问题的情况，我们必须检查所讨论的这些论题的认知地位。 **68**
（1）-（3）是由这个问题的定义规定所确定的事实。（5）来自（3）。（4）
和（6）是可信的认知原则，尽管并不像（7）那样明显可信且恰当。因
此我们得到了与疑难簇 ｛（1），（2），（3），（4），（6），（7）｝的前提相
关的优先性：

$$[(1),(2),(3)] > (7) > [(4),(6)]$$

在这种情况下，我们有两个最佳的 R/A-选项，即分别只拒绝（4）或只拒绝（6）。这两个都能得到同样最佳的保留配置 {1，1，1/2}。因此，我们被迫抛弃（4）或者抛弃（6）。这里直接的可信性考虑也不能阻止一个具体的结果。我们实现的也只是一个析取的解决方案。

在这种非决定性的情况中，我们依然能很清楚地理解基于可信性考虑来解决悖论的方法。这里的情况给我们一个多元的选择——可以说是选择太多的烦恼。有时候这会成为选择一个而非另一个的理由。但有时候不会这样预期，因为有很多同样合适的方法保留一致性。**比才-威尔第悖论**就是一个很好的例子。[7]

考虑这个问题："如果比才和威尔第是同胞怎么办？"这使我们面临着反事实条件句的情况：

> 如果比才和威尔第是同胞，那么比才就是（法国人？意大利人？）并且威尔第是（法国人？意大利人？）。

这个问题的语境由下面这些已接受的知识条目所设定：

（1）比才是法国国籍。

（2）威尔第是意大利国籍。

69

（3）同胞是有相同国籍的人。

（4）比才和威尔第不是同胞。

条件句假设指导我们抛弃（4）而把它替代为：

> （4'）比才和威尔第是同胞。

但是，最终的集合 {（1），（2），（3），（4'）} 也是不一致的四元组。如果我们想保留假设（4'）以及（3）中固有的解释意义，那么我们只有两种方式解决一致性：（A）放弃（1）并让比才是意大利人，或者（B）放弃（2）并让威尔第是法国人。因此，我们遇到了这个疑难簇的两个极大一致的子集，即 {（1），（3），（4'）} 以及 {（2），（3），（4'）}。

既然（4'）是这个模式的定义假设，而（3）是概念真理，那么我们就得到了整个的优先性排序：

$$（4'）>（3）>[（1），（2）]$$

考虑到可接受性，这里抛弃（1）的选项和抛弃（2）的选项是紧密联系在一起的。鉴于此，选项（A）和（B）是完全一样的：没有理由认为一个比另一个更有优先权，唯一安全的方法是拆散它们，以此得到这个条件句：

> 如果比才和威尔第是同胞，那么或者他们都是法国人或者都是意大利人。

这种含糊的"或者，或者"条件句是我们在这个例子中所能达到的最好结果。这里我们不得不勉强接受析取的解决方案：在这种情况下，任何更确定的结论都是完全不能证成的。[8]

但是，显然这类"无法确定"悖论——在这里没有哪个**具体的**解决 *70*
方案可以根据一般原则而享有特权——与那些可以有确定解决方案的更简单的悖论相比有更深刻的悖论性。

4.5　悖论的分类

与很多其他事物一样，可以根据各种不同的原则对悖论进行分类。其中最有前途的分类原则是：**主题内容**，关于悖论产生原因的**病原学**，解决方案的模式，与处理悖论所要求的精心设计的分析机制有关的**复杂性**。

根据内容分类是这些处理方法中最常见的，其结果在 pp. 72-73 的表4-1 中有所展示。内容是悖论中讨论的主题的功能。它依赖于这类被使用的词汇。因此，逻辑-语义悖论处理肯定与否定、谓述与关系、指派与指称等问题；数学悖论处理集合与其元素，或者数量关系，或者几何关系；认知悖论处理信念、知识、探究或无知；伦理悖论处理责任与义务的冲突；等等。

除了内容之外，与悖论有关的三个突出问题是：它是如何产生的，应该如何解决它，以及为了解决它需要多大的努力。因此，关键的参数是：内容，病原，处理，困难。就现在的目的而言，病原是首要的分类原则。接下来的讨论将首先聚焦于悖论是如何产生的——所讨论的困惑的根本原因。这种方法继承了亚里士多德自己在《诡辩篇》中的方法，在那里他根据引起争议的这类错误或谬误（并因此根据他认为恰当的这类解决方案）来对付诡辩。

一般来说，悖论根源于认知过度——它产生于我们接受的太多。因此，在悖论处理中始终要求的就是抛弃前提。这可以通过不同的原理来验证。因此，有不同的悖论模式。所有悖论都是有问题的，但不同悖论达到这个相同目标的途径是不同的：

- **无意义**；
- **虚假**；
- **模糊**：错误地假设了意义或定义的清晰性；
- **歧义与含混**：对意义一致性的错误假设；
- **不可信**（证据不足或不可能，有瑕疵的推理）；
- **没有保证的预设**；
- **错误归属真值状态**：不恰当的真值状态归因；
- **站不住脚的假设**，假设与认知环境不一致；
- **价值冲突**：令人困惑的选择。

这九种否定代表了悖论产生的主要缺陷之所在。在悖论的情况中，如果有人问"是什么出错了"，那么原则上我们必须考虑这几个方向。

另外，尽管寻致悖论的途径是多元的，但却是有限多元的。如果我们依据"事物是如何出错的"来澄清悖论，那么我们得到的就是略小的清单——正如上面所示。

但是要注意，最终的分类不必产生互斥的分类群，因为在非常棘手的情况下，有些东西是会出错的。根据解决模式的分类也一样。因为如果一个悖论会使很多不同的东西出错——因此每一个不同的过程都足以产生一种解决方案，那么这同一个悖论即使在同一个分类中也会有很多不同的适用范畴。

毫无疑问，悖论分析者总有意见分歧。其中有人会认为原因在于某个疑难论题有问题（比如由于含混），而其他人认为其他论题（比如有问题的预设）有问题。当然，完全有可能是所讨论的疑难簇有多处瑕疵，因而**两者都**是对的。

表 4 - 1

根据主题对悖论的分类
语义悖论 （本质上包括真、假和指称的理念） ——**源于真的悖论** ——**源于指称的悖论**
数学悖论 ——**集合论悖论**（本质上包括集合与集合元素的理念） ● 罗素悖论 ——**数值悖论**（还包括计数与排序的理念） ● 康托尔悖论 ● 贝里悖论 ● 理查德悖论 ● 布拉里-弗蒂悖论 ——**几何悖论** ——**概率悖论**
物理悖论 ● 芝诺的运动悖论 **认知悖论** （本质上包括知识与信念的理念） ● 差异信息悖论 ● 视错觉悖论 ● 摩尔悖论 ● 苏格拉底的无知悖论 ● 亚里士多德的证成悖论 ● 彩票悖论
哲学悖论 ——**道德悖论** ● 密尔的幸福悖论 ——**形而上学悖论** ● 存在悖论 ——**哲学神学悖论** ● 恶之悖论

但幸运的是，这种事情并不总是发生，而且根据"什么出错了"进 74
行的悖论分类通常都是直接进行的。因此，对于第一章中考虑的悖论来
说，冲突报道悖论与感觉欺骗悖论都属于问题推理的范畴，因为有明显的

不一致。"谁是火车司机？"悖论包含没有保证的预设：所讨论的人物描述——实际上是自我矛盾的——能够成功地识别某个人。哲学悖论频繁地利用歧义与含混，而这需要通过区分来移除。

接下来的章节中考察的大量悖论都符合上面指出的病原学分组。讨论将尽力表明尽管关于悖论的来源和本质有很大的不同，但是最初几章中描述的统一解决方法可以用于处理悖论的整个过程。总之，解决悖论就是通过多种策略来达到统一的战略。

注释

[1] 关于芝诺，请参看后面 p. 94 脚注 5。

[2] 这个经典悖论也有一个古代版本：阴险的鳄鱼悖论，这个悖论被第欧根尼·拉尔修提到过两次（《名哲言行录》，44 页与 82 页）。阴险的鳄鱼抓住一个小孩，然后转向其父亲要求其"认真回答"，他说："你孩子的生命取决于你老实回答我的问题：我会吃你的孩子吗？"想了一下之后，聪明的父亲回答："是的，我相信你会的。"关于这个悖论，参看 Prantl, *Geschichte*, vol. I, p. 493。（Ashworth 1974, p. 103 讨论了另一个变种：守桥人悖论，其特点是把说谎的人扔进水里。）

[3] 关于这个悖论的古代讨论，参看 Prantl, *Geschichte*, vol. I, pp. 493－494。

[4] 参看 Prantl, *Geschichte*, vol. I, pp. 493－494。

[5] Bertrand Russell, *Human Knowledge*：*Its Scope and Limits*（New York：Simon and Schuster, 1948）, pp. 154－155.

[6] Edmund Gettier, "Is Justified True Belief Knowledge？" *Analysis*, vol. 23（1963）.

[7] 关于这个悖论，请参看 Rescher 1961。

[8] 关于"反事实条件句"所导致的悖论的更多细节，请参看后面的第十二章。

第五章
考虑的悖论

- 谷堆悖论或连锁悖论（欧布里德）
- 秃头悖论（欧布里德）
- 小米种子悖论（芝诺）
- 色谱悖论
- 约翰·卡特勒爵士的袜子悖论
- 忒修斯之船悖论
- 解释学循环悖论

第五章 模糊性悖论

5.1 谷堆悖论

术语应用中的模糊性是悖论的主要来源。通常，模糊词语都具有一个或多或少定义良好的应用核心，它们周围围绕着一大片不确定的半影。因此，当一个术语 T 是模糊的，非-T 也会自动如此。相应地，T 情形和非-T 情形之间具有矛盾重叠的模糊地带，在其中，我们的可信性倾向会以两种不同的方式来看问题。于是，这种疑难般的悖论的不一致性就成为一种诱人的可能性。

古希腊的麦加拉学派从公元前 4 世纪的智者派那里学到的争辩术（来自 *hê eristikê*，意为争吵或辩证法）是辩证法的早期版本——或者根据亚里士多德的看法，是**伪**辩证法。[1] 作为其主要对手，亚里士多德在《辩谬篇》[2]中对相关问题进行了广泛的讨论。在主题方面，它面向的正是谜题、悖论和诡辩。疑难学是这项事业的后裔，它以中世纪对诡辩和不可解问题的研究为中介而继续。

米利都的欧布里德（Eubulides，生于约公元前 400 年）是麦加拉学派的辩证论者中最杰出也最有影响力的成员，他的领导位置继承自学派创始 人麦加拉的欧几里德（Euclid），后者是苏格拉底的学生。[3] 麦加拉学派的这一考虑派生于（热衷于令理性困惑的悖论问题的）古代的智者，因为他们把谷物带到教学场地，以表明理性不足以使我们把握真实的事物。（他们问道，如果一个人必须**已经**知道什么是真的，以便在发现时能够认出它，那么这一点在理性探究中如何可能存在？[4]）与后来的怀疑论者一样，智者派并没有就其本身来考虑悖论，因为他们将悖论看成是体现了人类状况的一个基本方面。

根据麦加拉学派的观点，对辩证法而言，最为关键的与其说是**逻辑**——正确推理的理论，不如说是**争辩术**——避免错误的理论。[5] 在他们看来，冲突是通向健康的途径。知道如何对付诡辩——如何在冲突和竞争的情形中管理思想——对心灵和谐像体育竞争对身体协调一样重要。

除了埃利亚的芝诺，对提升悖论的关注度，欧布里德比历史上任何其他思想者都做得更多。七个重要的悖论都归功于他：**说谎者**（*pseudo-menos*），**被忽视的人**（*dialanthanôn*），**厄勒克特拉和她的哥哥，蒙面人**（*egkekalummenos*），**谷堆**（*sôritês*），**有角者**（*keratinês*），以及**秃头**（*pha-lakros*）。现在我们只关心谷堆和秃头，欧布里德的其他悖论会在适当的时候加以考虑。

"谷堆悖论"——连锁悖论（在古希腊语中，*sôros* 意为谷堆）——表述如下：

> 单独的一粒谷子当然不是谷堆。再增加单独的一粒谷子也不足以使非谷堆变成谷堆：当我们有一组谷子却还没有构成谷堆时，只增加一粒谷子也不会造出一个谷堆。因此，通过不断地增加谷子，从 1 到 2 到 3 等等，我们**永远也不能**达到谷堆。然而我们非常清楚地知道 1 000 000 粒谷子的组合是一个谷堆，即便并不大。[6]

为了将该论证进行更清楚的形式化，需要使用一些缩写符号。令 g_i 代表 i 粒谷子的组合，我们用 $H(g)$ 作为如下陈述的缩写："谷粒组合 g 是一个谷堆"。那么，我们有：

（1）	$\sim H(g_1)$	可观察的事实
（2）	$H(g_{1\,000\,000})$	可观察的事实
（3）	$(\forall i)[\sim H(g_i) \rightarrow \sim H(g_{i+1})]$	看似显然的普遍原则
（4）	$\sim H(g_{1\,000\,000})$	从（1）和（3）迭代
（5）	（4）和（2）矛盾	

这里（1）和（3）一起从逻辑上可以推出（4）。而（4）导致（5），因为和（2）矛盾。从而，三元组 {（1），（2），（3）} 构成了一个疑难

簇，并且，如果要消解悖论，其中的一个成员必须被抛弃。

但这些命题的可接受性如何呢？这里起作用的是哪种优先性和优先权考虑？

上面的指示已经表明，相较于我们对"谷堆"的理解，（1）和（2）是可观察的事实。反之，论题（3）来自高度抽象的一般性层次，并不会比一个具有高度可信性的概括——一个理论——更多（尽管也不会更少）。因此，在不一致的三元组中的论题具有如下的优先性排序：

$$[(1),(2)] > (3)$$

我们在此有三种保留/抛弃–选项，其保留配置指示如下：　　　　　　*80*

（1），（2）／（3）　　　　保留配置 <1, 0>

（1），（3）／（2）　　　　保留配置 <1/2, 1>

（2），（3）／（1）　　　　保留配置 <1/2, 1>

第一种选项使我们保留**所有**高优先性的论题，因此这里最优的选择是抛弃（3）。尽管它可能看起来很合理，但这个论题比其竞争者的可信性程度低：它是不一致链条中最弱的一环。

这是相当合理的。因为（3）事实上非常成问题。当处理这种具有滑坡问题的模糊性概念时，正像刚才那样，很明显我们在面对（1）、（2）和（5）这样的具体主张时，处于比面对（3）这样的无限制概括更为自信的情形中。（毕竟"当我们看到的时候就知道**谷堆**是什么样"。）在这种现实问题上，我们面对特别而具体的事物时的立场要比面对抽象的普遍性时更为牢固。

然而，尽管（3）有这样的相对弱点，我们不会（也不应该）直接将其当成完全错误的加以拒斥。因为其否定可推出 $(\exists i)[\sim H(g_i) \& H(g_{i+1})]$，而我们却发现事实上很难设想这样一个 i。但我们不会（也没必要）将（3）的否定设为真；相反，我们可以选择将（3）看成是可信的，尽管我们提议暂时抛弃它，因为它在当前语境中是"站不住脚的"。

传统的悖论消解路线是宣布某个前提为假，但下面对前提（3）的拆分使得其在此行不通：

$$(3.1) \sim H(g_1) \rightarrow \sim H(g_2)$$

$$(3.2) \sim H(g_2) \rightarrow \sim H(g_3)$$

$$\vdots$$

$$(3.999\,999) \sim H(g_{999\,999}) \rightarrow \sim H(g_{1\,000\,000})$$

81　　当前的悖论意味着我们必须将其中之一当作不可接受的加以抛弃，但要识别出任何一个特别的元凶我们都面临困境。而将（3）看成只具有可信性而不是完全真——我们可以避免其他选择中会出现的困难。连锁悖论因此特别重要，因为它表明，以将某个前提当成假的而抛弃为代表的悖论消解的教条办法有自己的困难。但可信性又是另一回事。显然，随着 g 的尺度的增加，"如果 $C(g)$，那么 g 不是谷堆"这种形式的命题的不可信性也在逐渐增加，这与条件 C 的实质无关。

　　古希腊哲学家克吕西波（约公元前 280—前 208），是斯多亚学派中最多产的作者，也是最出色的逻辑学家。他的丰富著述将斯多亚主义带到了突出的地位。克吕西波将对诡辩的分析看成是辩证法的主要训练场。[7] 斯多亚学派对那时已为人所知的所有悖论（尤其是芝诺、智者派和麦加拉学派的那些悖论）进行了全面的处理。[8] 塞浦路斯的基提翁的芝诺（Zeno of Citium，生于约公元前 320 年），斯多亚学派的创始人，就已经把对悖论性的诡辩的研究作为他的辩证法教学中的关键元素。[9] 他讨论了所有的麦加拉悖论。[10] 而他的主要追随者，克吕西波，把全部论述都用于几个最重要的悖论——其中的五个都只处理**说谎者悖论**。[11] 与本书的精神有些类似，斯多亚学派教导，悖论并不包含推理的形式谬误，而是根源于其中的核心前提在实质上站不住脚。以说谎者为例，克吕西波提供的消解方案［被中世纪学者刻画为"遣兴曲"（*cassatio*），意为"空的且无效的"］

82 是，问题中的命题是没有意义的。[12] 然而，只有真/假/无意义的三分——不同于现在有充分考虑的相对可信性机制——使得斯多亚学派在分析**谷堆悖论**时陷入困境，因为这种机制显然不够充分。因此，很大程度上要归功于克吕西波的是，他指出了重要的一点，谷堆（连锁）悖论不能通过将其前提归类为真或假或无意义来消解，而是需要对其真值状态的判断进

行整体悬置。[13]

使得这种谷堆困惑成为一个"模糊性悖论"的是"谷堆"是什么是不精确的，这削弱了 $\forall i[\sim H(g_i) \to \sim H(g_{i+1})]$ 这样的概括原则的可接受性，从而掩盖了这里存在一个滑坡问题的事实。这种概括基于一种错误的印象，以为问题中的概念比实际上定义的更加严格。这一点可以从图像上看出来，只需换一个角度来看问题。考虑以下（非常简略的）序列：

$\bar{H}\bar{H}\bar{H}$??? HHH

注意，这里在 $\bar{H}$ 和 H 之间插入了一组不确定的例子（既不是 $\bar{H}$ 也不是 H），这使我们能够保留以下的规则：

每当 g_i 是非谷堆时，g_{i+1} 就不是谷堆，也就是说，非谷堆后永远不会跟着一个谷堆。

当然，该论题可以被解释为存在**两种**未能成为谷堆的方式，即或者是非谷堆（$\bar{H}$）或者是不确定的或者是有界限的谷堆（如？所示）。现在很清楚的是，（1）从 $\bar{H}$ 出发的单独一步永远不会把我们带到 H，但是（2）沿着序列进行的一系列步骤**最终**会把我们从 $\bar{H}$ 带到 H。

同样著名的**秃头悖论**（*phalakros*，古希腊语中 *phalakros* 意为秃头）是密切相关的，因为它只是在运动方向上与谷堆悖论相反，而其他的都严格类似。 *83*

一个满头秀发的人显然不是秃头。现在去掉一根头发不会把一个非秃头的人变成秃头。然而很明显，该过程延续得足够长的话，最终一定会导致秃头。

对这个悖论的处理与谷堆悖论类似。在这里，那种滑坡的迭代仍然对类似"是一个谷堆"——或高或富裕或秃头——这样的模糊概念不起作用。说到底，悖论消解的关键在于寻找最弱的点——那些悖论的盔甲中防御最弱的缝隙。对秃头悖论而言，这同样是一个迭代问题，它规定的一般规则是："秃头不是由掉一根头发造成的"[14]。

埃利亚的芝诺的**小米种子悖论**是这些悖论的始祖。它仍然根植于不被注意的微小（"阈下的"）差异的效果。它产生于这样的疑问：为何丢一粒小米种子不会发出声音，但丢一堆却会发出砰的一声。[15]莱布尼茨用这个例子来说明他的"片刻"（即意识阈值之下的非常小的知觉）理论的要点。无论怎样，在这个例子中，与数学归纳类似的迭代规则也成了可信性链条中最薄弱的环节。

5.2　色谱悖论

考虑下述情形，它刻画了所谓的**色谱悖论**。我们排出一长列色块：比如 100 个。任何两个相邻的色块都是裸眼无法分辨的。但逐渐且极其缓慢地，在我们到达序列终点时转变成了完全不同的颜色。我们因此得到了如下四个论题构成的疑难簇：

（1）（在正常的条件下，对正常的观察者来说）颜色上看起来不可分辨的色块具有相同的颜色。

（2）色块［1］和［2］的颜色看起来不可分辨，［2］和［3］也是。如此等等，以至于［99］和［100］也一样。

（3）因此——所有的色块都具有相同的颜色（根据（1））。

（4）然而，色块［1］和［100］看起来是可分辨的，而且具有非常不同的颜色。

这里｛(1)，(2)，(4)｝构成了不一致的三元组。因为（2）和（4）是简单的事实，所以更带推测性的（1）必须被抛弃。颜色的同一性比仅仅通过视觉方法就能确定的东西更为复杂。

然而，我们很可能仍然不希望直接抛弃（1）——而且也没有必要这么做。但我们不得不使它从完全为真的领域降级到只具有可信性。这使它能够在其他情形中持续起作用，尽管它在当前的例子中是语境上站不住脚的。

5.3　约翰·卡特勒爵士的袜子

约翰·卡特勒爵士的袜子悖论基于这样的故事：

约翰·卡特勒爵士有一双他非常喜欢的袜子，他经常穿。但年深日久袜子被穿坏了。但他仍然不想丢弃它。年复一年，袜子被一针一线地加以缝缝补补，虽然后继者都是在先前的基础上修补的，但最终任何最初的材料都没有剩下。产生的疑惑是，最终剩下的东西是否仍然是同一双袜子。

这个故事导致了下面的悖论：

（1）对一只袜子进行了一点小的修补后它还是同一只袜子。（但如果进行得足够多，这会导致袜子的布料整个被换掉。）

（2）最后的袜子是从最初的袜子经过连续的小修补而来的。

（3）所以（根据（1）和（2）），最后的袜子和最初的袜子是同一双。

（4）像袜子（或一辆汽车或一件家具）这样不断"修补"的物质对象，如果没有任何一丁点材料与原来相同，那就不能算作同样的对象。

（5）所以（根据（2）和（4）），最后的袜子与最初的袜子不是同一双——与（3）相反。

显然，{（1），（2），（4）}构成了不一致的三元组，（3）和（5）只是推论出的断言。现在（2）是可观察的事实。（1）和（4）是一般性的原则，尽管两者都显然是合理的，但（1）仍然在可信性上享有优势。（这种优势根植于这样的事实，（4）在范围和一般性上都更宏大。）因此我们有如下的优先性排序：

（2）＞（1）＞（4）

寻求在最薄弱的环节上打破不一致的链条的时候，我们发现（4）提供了最脆弱的点。我们因此得出这样的结论，在 R/A-选项中，（2），（1）/（4）是最优的，因为其保留配置{1，1，0}在与其他选项的竞争中胜出。要对这种消解感到舒服，我们肯定还想有一个表述清楚的理由来排除（4）——对为何应该把它降到可信性排序的底部给出更详细的说明。这个要求很可能会得到满足，只需注意到：对汽车修理和人体细胞物质逐步更迭的熟悉，让我们习惯于预期：在替换发生之后事物仍与之前保持同一。

这个悖论的另一个版本是**忒修斯之船悖论**，通过木板和圆木的逐步更换，直到最初的船没有任何东西剩下。普鲁塔克告诉我们，在忒修斯杀了米诺陶之后返回雅典的旅途中，他的手下通过用新的木料替换腐烂的木料的方式保留了这艘船。[16]

这里的问题是以下的悖论：

（1）每当只换了单独的部件时，结果还是同一艘船。

（2）当所有的部件都换掉后船已经变了。

（3）根据（1），最初的船和逐步换掉每块部件所得的船是同一艘。

（4）根据（2），最初的船和逐步换掉每块部件所得的船已经变了。

（5）（4）和（3）矛盾。

这里（1）和（2）是不一致的。看起来（2）比（1）更合理，最好的计划是放弃（1）的普遍性，将其看作在灵活性上有限制的"只能延伸到目前为止"的原则。显然，对这种灵活性的限制做出精确说明是介于困难和不可能之间的，因为在限制不精确的地方人们不能精确地指出它。而正是这种情况使得该悖论被标记为模糊性悖论。

5.4　解释学循环

有程度的东西通常能产生模糊性悖论。考虑下列论题中的**解释学循环悖论**[17]：

（1）我们可以牢固地掌握字面意义。

（2）如果不牢固掌握其语句的（或更大的）语境的意义，则不可能牢固地确定语词的意义。

（3）如果不牢固掌握其构成语词的意义，则不可能牢固地确定语义的（或更大的）语境的意义。

（4）根据（2）和（3），不可能牢固地掌握字面意义（与（1）相反）。

这里（1）-（3）给出了不一致的三元组。既然（2）-（3）本质上是站在同样的可信性基础之上，我们最终不得不在抛弃（1）和抛弃（2）-（3）当中做选择。

消解的思路在于这样的考虑："牢固掌握意义"的想法不是一种截然的二分，而或多或少是一种程度问题。在此基础上，我们可以进入到语词和语境解释之间的交替循环反馈中，这使我们能够对语词和语境等的意义获得越来越牢靠的把握。

从这里讨论的例子中可以获得一种有益的教训。因为它们表明相对可信性的概念是一种可用的工具，这使我们能够兼得鱼和熊掌。在可信性命 *88* 题没有问题的语境中，我们可以在问题求解的探究中使用它们。而当它们被证明在某个语境中站不住脚时，我们**在该语境中**抛弃它们，却并不必然导致将整个损失也带到其他语境中。这里的关键在于之前所强调的**作为可信**的接受与**作为真的**接受之间的区别。

注释

［1］亚里士多德，《智者篇》（*Soph. Elen.*），II，6。

［2］对麦加拉学派的一般性论述，参看 Zeller, *Philosophie der Griech-en*，vol. II/1，pp. 244－275。对欧布里德，参看第欧根尼·拉尔修，《名哲言行录》，II x 108－110；Prantl, *Geschichte*，vol. I，pp. 21，50－58；亚里士多德，《智者篇》，179a32ff。

［3］当然，关于欧布里德的所有知识都来自第欧根尼·拉尔修，《名哲言行录》，bk. II，sect. 106－120。参看 Zeller, *Philosophie der Griechen*，vol. II/1，p. 246。

［4］Zeller, *Philosophie der Griechen*，vol. I/2，p. 1380. 关于智者派的一般论述，参看这一段的上下文，pp. 1371－1384。

［5］对麦加拉学派这方面的教训，参看 Prantl, *Geschichte*，vol. I，pp. 41－58。

［6］对该悖论及其衍生物的论述，参看 Chapter 2 of R. M. Sainsbury，*Paradoxes*（2nd ed.，Cambridge：Cambridge University Press，1995），pp. 23-51。该悖论最初也具有些许不同的形式：显然 1 是一个小数。如果 n 是一个小数，那么 $n+1$ 也是。但这直接就导致我们不得不说一个明显很大的数（比如无数个十亿）是一个小数。参看 Prantl，*Geschichte*，vol. I，p. 54。

［7］关于克吕西波的论述，参看 Zeller，*Philosophie der Griechen*，III/1，pp. 40-44 和 pp. 111-118。他对诡辩的讨论细节，参看 Prantl，*Geschichte*，vol. I，pp. 487-496。

［8］参看 Prantl，*Geschichte*，vol. I，pp. 485-496（尤其是 p. 490）。

［9］关于芝诺，参看第欧根尼·拉尔修，《名哲言行录》，VII，1-160。也参看 Zeller，*Philosophie der Griechen*，vol. III/1，pp. 28-34。

［10］同上，pp. 43-44，82。也参看 Zeller，*Philosophie der Griechen*，vol. III/1，p. 116。

［11］Zeller，*Philosophie der Griechen*. vol. III/1，p. 116. 关于这个悖论，参看后文第十章。

［12］参看 Rüstow 1908，p. 115："按照废止项（*Cassantes*）观点，这等同于说它们在撒谎，或者既不是真的也不是假的，因为没有这样的命题。"也参看 Prantl，*Geschichte*，vol. IV，p. 41。

［13］参看 Prantl I，489。Sextus Empiricus，*Adv. Math*，VII，416. Cicero，*Academica*，II，29 and 93. 参看 Zeller，*Philosophie der Griechen*，vol. III/1，p. 116。

［14］同样，将一般规则分解成一系列特殊规则将会使这个悖论更加令人困惑。因为尽管我们可以确定对拒绝前提的补救必须落入哪个区域，但我们却不能指出必须实施这一补救的确切位置。

［15］这个悖论在古代也有不同的形式：一滴水对石头没有任何影响，但长期持续地滴水却会将它滴出一个洞。（参看亚里士多德，《物理学》，253b14。）

［16］Plutarch's *Lives*，"Life of Theseus，"22-23. 显然，只替换了一两块木板的时候，它仍然是同一艘船。但随着这个过程的继续，这个情形

还能保持多久呢？当所有的基本结构都换掉后，它还是同一艘船吗？

　　［17］解释学循环这个观念（和术语）来自狄尔泰（Wilhelm Dilthey，1833—1911），他认为部分和整体在解释上相互依赖的观念在很多层面都有，不只是语句／段落，而且包括段落／著作、著作／流派、流派／文化传统。狄尔泰将这一现象看成是人类科学解释的一般特征，不只是在文本层面，而且包括造型艺术、文化习俗、思维方式，以及人类科学的其他反应。关于解释学循环的讨论，参看 D. C. Hoy, *The Critical Circle：Literature and History in Contemporary Hermeneutics*（Berkeley：University of California Press，1978）和 Paul Ricoeur, *Hermeneutics and the Human Sciences*（Cambridge：Cambridge University Press，1981）。

第六章
考虑的悖论

第六章　歧义与含混的悖论（不充分的区分）

6.1　含混是通向悖论之路

库萨的尼古拉（1401—1464）曾提出过对立统一（*coincidentia* *oppositorum*）学说，他持有这样一个悖论：所有存在的事物实际上什么也不是。但需要在此做一些区别，因为仔细的审视表明，他的观点是：最大的事物（上帝）具有最小的可理解性，因为"没有任何事物是没有性质的"（*nihil sunt nullae proprietates*），我们不能把性质归给上帝，因为我们凡人可以形成的充足概念的性质都不能归给上帝。[1] 然而，他的话语使用了很不常见的涵义，而且他的最小-最大悖论可由这一事实来消解：所测量的事物是不同的。这示例了一种更普遍的情形。

达到悖论的最常见路径是，错误地统一使用一个术语或概念，而实际上它有很多涵义和应用。亚里士多德将这种歧义与含混视为产生谬误和悖论的途径。[2] 他自己举的例子是，"我亲眼看到他被打了"① 生动地说明了 这一现象。[3] 这种陈述通常只是这类花招中的巧妙手法（或，笔法！）。

在考虑 Fx 这种性质归属的一般格式时，古人注意到普通性质是有限定的。史密斯作为参议员来说是年轻的，但作为木匠学徒却很老了。琼斯作为一位赛马师来说很重，但作为相扑选手来说却很轻。为了避免 x 既是 F 又是非 F 这一悖谬主张的逻辑冲突，亚里士多德强调，我们必须将性质归属解释为相对于时间和相对于方面的。这就让他得到了矛盾律的一种版

---

① I saw him being beaten with my own eyes，也可译为"我看到他被我自己的眼睛打了"。——译者注

本，即在同一时间、同一方面，任何东西都不能同时是 F 和非 F。这种时间和方面的区别就成了阻止悻论的关键。

类似地，亚里士多德思考了一种可以被称为**变化悻论**的东西，它的表述大致如下[4]："年轻的苏格拉底显然不老。但苏格拉底始终是同一个人。因此，老苏格拉底并不老。"这里的悻论在于：

（1）苏格拉底始终是同一个人。

（2）根据（1），年轻的苏格拉底就是老苏格拉底。

（3）老苏格拉底是老的。

（4）年轻的苏格拉底不是老的。

（5）根据（2）、（4），老苏格拉底并不老。

（6）（5）与（3）矛盾。

亚里士多德对由｛（1）、（3）、（4）｝所代表的不一致的三元组的分析是，这是由于忽略时间因素而产生的悻论。动词"是"是含混的。它可以表示与时间无关的或时间中立的关系，比如（2）中表示同一性的"是"；也可以表示暂时的相对于某个时间的关系，比如（3）或（4）。如此，"老苏格拉底是老的"就被理解为"在他是老苏格拉底的时候，老苏格拉底是老的"。在"是"的前一个（与时间无关）意义上，（1）是真的，但（3）和（4）是假的，而在"是"的暂时的意义上，（1）是假的，（3）和（4）都是真的。因此，这种困境的前提从来都不是全部为真。正如亚里士多德所认为的，未能在时间这个点上做出区别，和没有注意到方面的差异一样，是这类悻论的根源。他的矛盾律在这里崭露头角。的确，"某个东西不可能既是又不是如此这般"；但我们必须同时加上"在同一时间和同一方面"。

从这个角度考虑，柏拉图在《欧绪德谟》（283D）中提到了精巧的**教师杀手悻论**："教育比谋杀好不了多少，因为让阿尔法变成他希望的样子（受过教育的人），就是杀死他现在的样子（无知的人）。"当然，我们必须把这个人——从他出生到死亡——与他在变化过程中所处的各种时间和描述阶段区分开来，就像年轻的/年老的或无知的/博学的那样。改变阿尔法，当然不是杀死他。

中世纪的经院哲学家，尤其是卓越的约翰·布里丹陶醉在诡辩（*sophismata*）之中，比如"水是一个字；人可以喝水；因此，人可以喝字"，这个悖论迫切需要通过区分"水"这个词和它所代表的物质来拆解。又如，古代的悖论"人属于动物王国，所以动物拥有人"，显然这里的"属于"有两种涵义，即"是……的一部分"和"被……拥有"。

考虑如下的不一致的三元组导致的所谓的**可信性悖论**：

（1）可信的命题可以被接受：它们可以得到适当的认可。

（2）可信的命题可以产生疑难：它们可以形成不一致的簇，其中的命题联合起来不相容。

（3）接受一组不一致的命题（的全部）是不适当的。　　94

面对这种不一致的三元组，逃离悖论的出口在于，注意到"接受"这个词的含混性：（ⅰ）在较强的意义上是"接受为真"；（ⅱ）在较弱的意义上是"接受为可信赖的/可信的"或"接受为一个有希望的真之候选者"等。在意义（ⅰ）上，命题（3）是对的，但（1）是错的，而在意义（ⅱ）上，命题（1）是对的，但（3）是错的。（这里还有另外的问题：**暂时地**接受为真并不是真正地接受，就像一只青铜猫头鹰不是真正的猫头鹰。）因此，在这两种情况下，这些不相容的命题都不会全部成立，因此悖论就得以消解。任何一种清晰的推理都要服从这个（通常是默认的）预先假定：**相同的词项在统一的意义上被使用**，即，当一个词项的不同涵义或用法有争议时，可以用某种适当的术语复杂性来澄清。含混的前提就会彼此分离。在这种情况下，对含混、歧义或模糊的识别往往可以解开表面的悖论。

因此，含混的悖论可以被看作没有满足必要的交流预设。

为了避免忽略区分所导致的悖论，我们需要密切关注词语的使用，以防产生语言失误。毕竟，把应该分开的东西联合起来是通向悖论的一条主要途径。

6.2　芝诺的差异悖论

埃利亚的芝诺，大约生于公元前 495 年，他设计了有史以来最著名的

95   几个悖论——在古典时期，它们就已经引起了人们的广泛讨论和争议。[5] 其中的九个流传至今。一个是在 p. 83 已经考虑过的小米种子悖论，另一个是 pp. 59-60 讨论的赛场悖论。此外，还有三个针对空间的悖论、三个反对运动的悖论——这都会在本章稍后加以考虑——以及我们现在就要讨论的**差异悖论**。

    芝诺试图支持他的老师巴门尼德的学说，即多必须被拒斥，所有的东西归根结底是一。根据柏拉图的说法，"芝诺的书中的第一个论证的第一个假设"如下：

> 如果存在是多，那么它们必须既相似又不相似——在与其他东西相区别方面相似，而不相似是因为它们不是同一个。但这是不可能的，因为不相似的东西不可能是相似的，而相似的东西也不可能是不相似的。因此，存在不是多。[6]

这里的悖论如下：

    （1）当我们观察自身的时候，我们通过自己的感官发现存在是多——它是异质的，因为存在着许多不同的存在物，因此有许多存在。

    （2）假定存在——存在物的种类——是多。

    （3）那么所有存在物的共同要素不同于所有其他事物，即所有其他存在。因此，它们本质上都是相似的，与其他东西都不同，或者可以说都"是它们自己"。

    （4）但如果存在物有一个共同的基本特征，它们就都是同类的、同质的。所以只有一种存在物，只有一个存在。

    （5）由于（4）这一结果与（2）相矛盾，我们通过归谬论证确立了非-（2）。因此，存在不是多。

    （6）但是（5）与（1）矛盾。

96   芝诺发现，将相似和不相似归于同一事物，违背了后来由亚里士多德总结出来的矛盾律。对他而言，这让人怀疑现实在何种程度上遵循逻辑。但就像亚里士多德自己（正确地）看到的那样，这里的问题是含混的：问题不是单纯而简单的相同或不同，而是在一个或另一个特定的方面是相同或不同的。在此基础上，芝诺的差异悖论为矛盾律铺平了道路。

6.3　芝诺的空间悖论

芝诺还提出了一系列悖论，旨在使"一个有广延的空间中分布着许多点状空间"的整个想法失效。他提出了三个论证，以反驳一个有广延的空间由许多位置（或点）构成，这些论证如下：

I. "如果有许多（空间单位），它们必须是如此之小，以至于根本没有任何大小，而且又必须如此之大，以至于是无限的。"据说，如果空间单位没有大小，没有广延，它们就什么都不是。所以只要它们存在并构成空间，它们就必须有大小。但是既然它们有广延，那么它们就会有部分，而它们的部分（例如，它们的上半部分）也会有广延。而这反过来又需要广延，以至于无穷。所以空间单位是无限的：它们不是整个空间的一部分，而是整个空间。

II. 空间单位据说是某种东西。但是如果一个东西被添加到另一个东西上，那么这另一个东西就（假设是）增大了（也就是说，增大的是我们添加的东西）。但据说，空间单位并非如此：它们的加法不增大，它们的减法也不减小。因此它们什么都不是。

III. 空间单位据说是更大的（有限）整体的组成部分。但是这些更大的整体必须有一些固定数量的单位（不多也不少）。但在任何两个不同的单位之间，都有另一个单位。所以不能有任何固定的数：它们一定是无限的。[7]

这些困惑都是由含混所导致的悖论：

第 I 个论证包含两个问题。第一个问题是"空间单位"在一个点和一个小的（原子）区域之间的含混，这导致了一个令人生疑的假设：没有任何广延意味着"不存在"，而不是简单地"没有可测量的大小"。第二个错误的想法是，拥有"无限多的有广延的组成部分"意味着"广延是无限的"。就像芝诺的阿基里斯悖论一样，这忽略了一个事实：无限的

（不断减小的）广延仍然可能达到一个有限的总量，就像 1/2 + 1/4 + 1/8 + ⋯ = 1。

第 II 个论证的关键在于，空间单位的增加意味着可测量尺寸的增加。但即使这些"空间单位"真的是点状的，那也不一定如此。（从 0 到 1 的区间，无论是否包含端点，在测量的过程中都一样长。）

第 III 个论证来源于这样的事实：有限的整体可以有无限多的成分（例如，通过相继拿走剩下的一半）。此外，对无穷数而言——不像有穷数——增加更多的单位并不会导致不同的（更大的）数。当 N 是无穷数时，我们可以（假定）得到 $N + 1 = N$。（因此，序列 1、2、3、4、5……和 2、3、4、5、6……拥有同样多的成员——可以通过匹配两者的第一个数字，然后第二个，然后第三个，等等，看出来。）

98 可以肯定的是，任何对芝诺的空间悖论的充分解决，都需要提高数学复杂性的水平，这超出了他那个时代的思想层次。对于这些悖论，所有的关键都是基于错误的假设，即无限可分的东西是无限大的。这确实是对原子论者的一个有说服力的反驳，如果他们认为空间单位无限可分的话——这也是他们的理论被拒斥的原因。但是，这肯定不能反驳几何学者——只要他们把空间理论发展到足够成熟的水平。

6.4 芝诺的阿基里斯和乌龟悖论

埃利亚的芝诺也设计了一系列巧妙的论证来证明运动的不可能性。其中的一个就是**阿基里斯和乌龟悖论**，该悖论基于以下的故事：

> 阿基里斯是出了名的飞毛腿，他与一只众所周知的慢乌龟赛跑。自然，这只乌龟需要先跑。但是，当阿基里斯到达乌龟的起点时，乌龟将会继续前进，并将在一定程度上领先。当阿基里斯达到**那**一位置时，乌龟又会继续前进，而且还会继续领先一点。如此继续。因此阿基里斯永远不会追上乌龟。[8]

这里的悖论之处在于：

（1）在无穷无尽的位置序列中，阿基里斯都没有成功地追上乌龟。因此——

（2）阿基里斯永远不会超过乌龟。

（3）但——我们都知道——阿基里斯很快就会超过乌龟。

这里（1）和（3）是完全正确的。但是，不一致的链条在（2）处就 99 被打破了，因为它其实根本就不能从（1）推出来，因为从"没有任何阶段"到"从不"的过渡是不恰当的。

事实是，悖论底层有一个潜在的含混在起作用，即"追赶的序列**在步骤上是无尽（无限）的**"与"追赶的序列**在时间上是无尽（无限）的**"之间的含混。这两种表达式有不同的涵义。因为追赶的序列并没有覆盖整个未来，它会收敛到最终的极限，就像 $1/2 + 1/4 + 1/8 + \cdots$ 收敛到 1。因此，该序列中的步骤，即使整体上是无限的，也只覆盖到有限的时间。

因此，只要意识到疑难的不一致产生于含混，那么芝诺的阿基里斯悖论就可以得到明确的解决。（那些认为这个烦人的序列加起来不等于一，而是小于一的人，只是不明白省略号在这里的作用：它们代表着以此类推，意味着**所有**其他的东西。）

亚里士多德（《物理学》，239b 9–14）沿着这些相同的思路讨论过一个同源的悖论。它基本可表述如下：

假设你希望从 A 点移动到 B 点。在你能完成这个动作之前，你必须首先到达 C 点，也就是 A 和 B 之间的中点，但是在你可以到达 C 点之前，你必须首先到达 D 点，也就是 A 和 C 之间的中点。以此类推。因此，在你完成任何运动之前，你必须先完成一项无穷无尽的运动，这意味着你永远无法完成任何运动。

当然，这里的情况与芝诺的跑道悖论是一样的。在这两种情况下，解决问题的思路是一样的。这让人想起阿基里斯和乌龟。在那里，我们拥有无限的步骤，而不需要无限的时间；在这里，我们拥有无限的步骤，而不需要无限的空间。

6.5 芝诺的飞矢悖论

100 芝诺的另一个运动悖论是**飞矢悖论**。[9] 这里的问题在于以下的疑难簇：

（1）在任何给定的瞬间，飞矢都不会移动。（一个明显的事实：瞬间太短，不允许移动。）

（2）一个时间的跨度（只）由瞬间组成。（这是我们对时间做一维的线性理解时的一个重要方面。）

（3）飞矢是不可移动的：它在任何给定的时段内都不会移动。（根据（1）和（2）。）

（4）飞矢的确可以移动。（观察事实。）

既然我们知道（4）是一个事实，很明显（3）必须让步。因此，在（1）和（2）这对被认为可以推出（3）的组合中有严重的问题。然而，这两种说法似乎都是不可否认的，因此，这个悖论是一个非常棘手的问题。

这里的问题实际上根源于第一个前提，因为一个破坏性的含混在起作用。飞矢在一个瞬间**之内不会移动**的事实（一瞬间，就它的本性而言，太短暂，不允许运动的完成），并不意味着飞矢**在这个瞬间不在运动**。一旦指出这一区别，我们就会意识到，前提（1）是含混的：

（1.1）在任何给定的瞬间，飞矢都不能完成移动。

（1.2）在任何给定的瞬间，飞矢都没在移动。

这里的前提（1.1）是正确的，但与（2）相结合并不会导致悖论性的（3）。（飞矢的运动不**在**一个瞬间完成，这一事实并不意味着它不能在

101 大量的瞬间之上完成——就好比单独的字母没有传达任何信息，并不意味着包含大量字母的一段文字也无法做到这一点。）另外，前提（1.2）的确会导致（3），但它完全是错误的。所以这两种方式都不会产生悖论。**区分在运动之中**和**完成运动**对于解决这个悖论是至关重要的，因为前者实际上与瞬间性是相容的，而后者却不相容。

芝诺的飞矢悖论与时间相连。它的挑战是，"但是，飞矢**在什么时候**

移动呢？没有时间它是在移动的"。麦加拉的狄奥多诺斯·克罗诺斯（Diodorus Cronus）用空间重新阐述了这一悖论，将其表达为一个两难困境：

> 移动的物体必定要么移动到它所在的地方，要么移动到它不在的地方。但它不可能移动到它在的地方，因为那是一个固定的位置。它也不能对它不在的地方做任何事情——更不用说移动了。因此它根本就不能移动。[10]

狄奥多诺斯的运动悖论这种两难困境中的问题也是出在含混上。区别再次拯救了局面。飞矢不能**在**它固定的、现在确定的位置上移动（而只是在那里处于移动**中**），这个事实并不意味着它不会**从**这个固定的、现在确定的位置移动到另一个位置（确切地说，是通过运动）。

6.6 芝诺的运动物体悖论

芝诺的**运动物体悖论**是这样的[11]：

> 假设我们有三个物体，它们具有相同的单位尺寸。起初，它们排成一列。然后，两个开始运动。当其中一个（A）保持静止时，第二个（B）从左向右移动，第三个（C）从右向左移动。两个运动物体的运动速度相同，比如是每分钟一个单位。一分钟后 B 就会走过一个单位的距离，因为它会经过全部的 A。另外，B 会经过两个单位的距离，因为它不仅会经过所有的 C，还多经过一个单位。

102

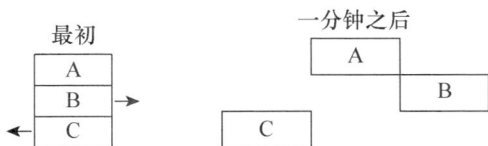

最初　　　　　　　　　一分钟之后

> 因此，我们得到一个矛盾，B 既以每分钟一个单位的速度移动，同时也以每分钟两个单位的速度移动。

这里的解决方法是注意到这个概念的含混：非相对化模式的速度和相对化模式的**速度**。因此，**B 相对于 A 的速度是每分钟一个单位，B 相对于**

C 的速度是每分钟两个单位。当人们注意到这种基本的相对性时，就没有矛盾了。我们必须完全避免相对于**固定参照系的速度**和相对于**其他某个特定物体的位置的速度**之间的含混。

6.7 欧布里德的关系之谜

现在让我们从芝诺转到后来的欧布里德，他的盛年是约公元前 400 年，在雅典附近的麦加拉讲学，他与亚里士多德就诡辩和悖论的价值进行了长期的争论。他的三个悖论都涉及同样的问题，而且都可以用谜题的形式表示[12]：

蒙面人（*egkekalummenos*）："你认识这个蒙面人吗？""不认识。""但他是你的父亲。那么，难道你不认识你自己的父亲吗？"

103

厄勒克特拉和俄瑞斯特：厄勒克特拉看到一个男人正在接近她。这人是她的兄弟，俄瑞斯特。那么，厄勒克特拉是否看到俄瑞斯特正在接近她？

被忽视的人（*dialanthanôn*）：阿尔法忽视了接近他的人，把他当作一个陌生人对待。那人是他的父亲。那么，阿尔法是否忽视了他自己的父亲，并把他当作陌生人看待呢？

这些**欧布里德的关系之谜**中起作用的同样是含混。在每一种情况下，一边是**叙述的主角所以为的个体**，一边是**叙述者所以为的个体**（或者他实际所是）。从这方面看，这些有争议的悖论都可以以蒙面人为代表，其详细的表述如下：

（1）你知道你的父亲是谁。

（2）你不知道那个蒙面人是谁。

（3）蒙面人是你的父亲。

（4）根据（2）、（3），你不知道你父亲是谁。

（5）（4）与（1）矛盾。

这里的问题在于，前提（2）中的"知道是谁"是含混的，有多种不同的解释模式。在第一种模式（主体的视角）中，你的确"知道"那个蒙面人是谁：他就是那边那个人。也就是说，在"那个蒙着面站在那边的人"这个描述下，你确实知道那个蒙面人。所以，前提（2）是假的。然而，在第二种模式（叙述者的视角）中，你不知道那个蒙面人是谁，也就是说，你不知道他是你的父亲，因此，你不知道你父亲作为蒙面人的身份。在第二种模式中，前提（2）是真的，但是前提（1）却是假的。这样，这三个谜题都表达了典型的含混悖论。关键在于，一个人所知道的，既可以从主体的角度，也可以从报道者的角度来阐述。当我说恺撒知道要杀死他的人的时候，很明显是从报道者的视角，而非主体的视角说 *104* 的。（恺撒从来没有想到过布鲁图斯是"我的好朋友，也是刺客"。）

欧布里德是亚里士多德的对手和批评者。因为亚里士多德认为，这种含混的诡辩只是一种错误，一种粗心的错误。相反，欧布里德似乎认为其中存在更深层的问题，即我们不会简单而纯粹地知道事物，而只能以相对的方式，在特定的描述或从特定认知的角度才知道。在这一点上，欧布里德似乎完全在正确的轨道上。因为坚持认为事物只能从概念的角度来掌握，麦加拉学派被称为"思想之友"（*tôn eidôn philous*）[13]。

6.8　更多谜题

想想这个谜题："汤姆和约翰都有（不同的）车。约翰说他的车是城里最快的，汤姆也说了同样的话。汤姆同意约翰的意见吗?"这里出现了一个悖论，或许可以称为**重复悖论**：

（1）约翰说他拥有城里最快的车。

（2）汤姆也这么说：也就是说，汤姆说约翰拥有城里最快的车。

（3）汤姆也这么说：也就是说，汤姆说他（自己）拥有城里最快的车。

（4）根据（1）和（2），汤姆和约翰意见一致。

（5）根据（1）和（3），汤姆和约翰意见不合。

（6）（4）与（5）矛盾。

正如（2）和（3）清楚地表明，这种悖论根源于含混。因为在陈述谜题时使用的"也这么说"可能意味着**相同的论点或陈述**（即，"约翰拥有城里最快的汽车"），或者**同样的句子或语词形式**（即，"我拥有城里最快的汽车"）。要消解这个悖论，只需注意到一个人不能同时采取这两种方式，而不论哪种方式，（5）和（4）中都会有一个变得无法维持，从而使悖论得到消解。

这种不匹配通常都是这类谜题的关键。考虑经典的谜题：

问：什么东西有四组轮子又能飞？（What has four sets of wheels and flies?）①

答：一辆垃圾车。

这个谜题之所以会让我们困惑，是因为那些会飞的东西并没有四组轮子。于是，下面的**垃圾车悖论**就摆在我们面前：

（1）问题中的对象有四组轮子又能飞。

（2）会飞的自然物（如鸟）没有轮子。

（3）会飞的人造物（如飞机）没有四组轮子——它们只有两组轮子。

（4）问题中的对象既不是自然物又不是人造物。

（5）因此，问题中的对象不能既拥有"轮子"又能飞，与（1）相反。

逃离这个谜题性悖论的关键在于注意到"flies"的歧义性。这个谜题创造了这样的期待："flies"是一个动词。但这当然也可以是一个名词，"有苍蝇" = "装着苍蝇或有苍蝇相伴"。因此（1）和（5）由于这样的事实而被区别开：（1）将"flies"视为一个指示昆虫的词，而（5）将它视为一个指示运动的动词。同样，意义的统一性这一至关重要的（默认）假设被违背了。一旦引入适当的区分，这种**垃圾车悖论**的前提就分离了，悖论也就被消解了。正如亚里士多德所强调的，做出区分为处理含混悖论提供了一种能行的工具。[14]

---

① 也可译为："什么东西有四组轮子和苍蝇？"——译者注

前苏格拉底时代古希腊的诡辩家们喜欢某物/无物之谜。[15] 他们会仔 *106*
细思考这样的问题："如果没有什么东西来自无，那怎么会有任何事情发
生呢？"他们被这样的谜语所吸引：

> 问：那什么都不是的东西是什么？
>
> 答：无物！

或者以更复杂的方式表述：

> 问：一个东西如何成为不是东西的东西？
>
> 答：成为无物。[16]

在柏拉图的对话《智者》中，充满了这类**某物/无物悖论**，其形式结
构大致如下：

> （1）一切事物都是与自身相同的：任何事物都是其所是。
>
> （2）因此，无物是无物。（根据（1）。）
>
> （3）说 *X* 是 *Y* 就是说 *X* 是某种东西。
>
> （4）无物是某种东西。（根据（2），（3）。）
>
> （5）是某种东西的就不是无物。
>
> （6）无物不是无物。（根据（4），（5）。）
>
> （7）（6）与（2）矛盾。

这里 ｛（1），（3），（5）｝ 构成不一致的三元组。（3）是这种疑难情
形的阿喀琉斯之踵。因为它混淆了作为谓述的**是**（如 *X* 是 *Y*，"虚构是不
真实的"）与作为存在的**是**（即作为**存在**的**是**，即，是现实的领域中存在
着某种东西）。

事实是，作为抽象条件的虚无，与任何其他抽象事物一样存在——都 *107*
是自我同一的，都很复杂，等等。但**无物**就是这样，彻底虚空，完全没有
东西，而不是有什么特别的东西叫作"无物"。说"无物有特性 *F*"就是
说"没有任何现存的东西有这个特性"，用符号表示为 $\sim\exists x Fx$ 或者等价的
$\forall x \sim Fx$。这并不是说存在一种奇怪的存在或准存在的事物，或者说一种称
为"无物"的无存或**无定**具有这个特性（用符号表示为 $\exists x(x = n \ \& \ Fn)$）。

柏拉图的困惑在于，我们如何才能把"无物"看成是完全没有东西？

它明明是某个东西，见证了无物性，是理论关注、思考和讨论的对象——他的困惑可以在这个基础上得到解决。我们所谈论的确实是某个东西——虚无，完全空虚的状态。但这并不意味着，通过说（例如）"无物缺乏所有属性"（*nihil sunt nullae proprietates*），而否定某种事物——一个特别的叫作"无物"的否定物体——的属性。所有的某物/无物悖论都基于"无物"的含混，这就导致了一种混淆，在"这个词并不指称任何对象"和"这个词不可避免地表达**涵义**或**意义**"之间的混淆。

正如这些例子所表明的，谜题通常会产生一种悖谬的情况，我们可以通过揭露含混的情况来避免它。这样的谜题依赖概念上（而非视觉上）的错觉。

前面所有的例子都是悖论的**两难含混坍塌**的实例。悖论的前提被共同的含混词紧密联系起来，以至于当一个给定的前提为真导致其他某些前提为假的时候，悖论就出现了。而当人们试图让所有这些前提同时为真时，就陷入了两难之境。

6.9 狄奥多诺斯的大师论证（Kyrieuôn）

也许，在攻击运动方面，芝诺最重要的古希腊后继者是狄奥多诺斯·克罗诺斯（大约生于公元前 350 年）。[17] 实际上，他提出的四种反对运动的论证都是芝诺悖论的变体。然而，狄奥多诺斯·克罗诺斯提出的最著名的悖论是以下的大师论证悖论[18]：

（1）在自然中有偶然性，也就是说，有一些实际的事态不是必然的，而是偶然的（在理论上，它们的非实现是可能的）。

（2）可能不会产生不可能：可能的事态不会导致不可能的事态。

（3）一旦事态发生，就不可能改变它：任何实际的事情都因此成了必然的。所以，这个事实之后，任何实际没发生的事情都是不可能的了。

（4）根据（2）和（3），任何事态都不会导致实际没发生的事情。因为根据（3），任何实际没发生的事情（最终）都是不可能的，而根据（2），可能不会产生不可能。因此，任何实际的事情都是必然的。

（5）（4）与（1）矛盾。

我们这里有一个含混悖论。我们必须区分什么是**事后**必然或不可能的，以及什么在**事前**就如此。

因此（2）是有问题的，只有在适当的解释下才能成立。因为事前可能的事情确实会产生事后不可能的事情，因为事实是与之不相容的。

6.10　变化中的同一：心-身含混

两可的悖论经常出现在哲学语境中。例如，考虑下面的**心-身悖论**所展示的假设情形：

　　X 和 Y 被连接到一台思想转移器。结果，他们所有的思想——知识和记忆、喜好和品味——都被改变了。而这些人的身体没有变化。只是他们互换了思想——包括全部的内容。哪个是 X，哪个是 Y 呢？

问题的关键在于，身体的连续性对人格同一性更为关键，还是思想和性格的连续性更为关键。这就导致了下面的悖论：

　　（1）在转移过程之后，X 的身体的拥有者也是 Y 的思想的拥有者，反之亦然。

　　（2）身体的连续性对人格同一性是至关重要的决定性因素。

　　（3）自我——在操作之后 X 的身体的拥有者是 X，对 Y 也一样。

　　（4）心理的连续性对人格同一性是至关重要的决定性因素。

　　（5）自我——在操作之后 X 的思想的拥有者是 Y，对 Y 也一样。

　　（6）这里有两个不同的个体。但两者都不会**既是 X 又是 Y**。

在这里，{（1），（2），（4），（6）}组成一个不一致的四元组。但是（1）是由问题的定义假设确定的，（6）是一个无可争议的事实。所以，我们有如下优先性排序：

$$（1）>（6）>[（2），（4）]$$

在此基础上，我们将不得不在（2）和（4）中至少抛弃一个。然而，由于在现有的情况下，这两个论点对所有可见的意图和目的而言，"都在同一条船上"，我们别无选择，只能两者都放弃，尽管它们看起来很可信。

这样做的证成可以陈述如下：（2）和（4）都建立在"决定性因素"
110 这样的假设之上，以为"人格同一性"是定义清楚、阐释准确的概念，
其应用依赖于单一的决定性因素（在一种情况下是身体连续性，在另一
种情况下是精神连续性）。但如果我们把这个假设视为错误的，而将人格
同一性问题中的"同一个人"看成是复杂的概念，涉及身体和心理考虑
的混合——混合物的本性并不是完全清楚和确定的，那么论题（2）和
（4）的底层支撑就被拿掉了。因此，这个悖论通向了一个有益的教训：
人格连续性是某种复杂而多面的东西——没有任何单一的因素应该被视
为决定性的。甚至这教训也许是：人格同一性是一个含混的想法——至少
在理论上是这样的——人们应该区分身体的同一性和精神的同一性。

6.11 弗雷格的晨星悖论

沿着这些思路，考虑（从本质上说）归功于德国数学家弗雷格的**晨
星悖论**：

（1）晨星和昏星不一样。

（2）晨星和金星是一样的。

（3）昏星和金星是一样的。

（4）晨星和昏星是一样的。（根据（2）和（3）——与（1）
相反。）

这里又有一个含混悖论。表达式"晨星"和"昏星"通过不同的描
述性识别特征的描述来指称同一个对象。因此（1）是合适的，因为它讨
论的是明显不同的**识别模式**。但是，**指称的对象**——被指称的事物——是
同一个，并且（2）和（3）在此基础上是合适的。包含"晨星"和"昏
星"的对象**在识别上是不同的**，但**在指称上是相同的**，因此，我们必须
相应地区分出所讨论的识别性表达式的**涵义**及其客观的**指称**。当"是一
111 样的"做**识别性**解释时，（2）和（3）是假的，但（1）是真的；当"是
一样的"做**指称性**解释时，（1）是假的，但（2）和（3）为真。因此，
这一区别消解了悖论，因为使某些前提为真的相关涵义使其他前提为假。

这里的情况与欧布里德的关系之谜实质上是相同的。在不同的识别描述下，我们需要做相同的事情。

6.12　范畴悖论

再考虑一下所谓的**范畴悖论**。有些对象可以被归为定义了特定的集合或群体的范畴：例如，乔治·华盛顿经过的河流，或者通过火车运输的东西。还有一些对象，我们不能把它们归为某个范畴——甚至无法形成它们的概念，就像恺撒无法形成一个电器的概念一样。然而，存在我们不能收集起来归为一个范畴的东西，这难道不是一个矛盾的想法吗？因为当用这种方式说话和思考时，我们难道没有把它们归为某个范畴吗？即归为"不可归为范畴"这个范畴。无论从哪方面看，这里都有一个悖论，因为不可归为范畴这个事实根据其本身实际上变成了可归为范畴的。

在这个基础上，我们似乎面临一个疑难的二元组：

（1）有一些不可归为范畴的东西。

（2）任何不可归为范畴的东西都可归为范畴。

这个悖论的解决方式在于，事实上在其中起作用的是含混。我们必须区分最初的范畴较少的情况和随后的范畴较多的情况，这是在最初设想的范畴中引入了所谓"不可归为范畴"这种伪范畴之后出现的。对前一种可归为范畴性来说，论题（1）为真，但（2）为假。而对后一种可归为范畴性来说，论题（1）为假，但（2）为真。无论在哪种情况下，悖论的两个关键前提都不会同时成立。区分再一次挽救了局面。

6.13　意外考试（或死刑）悖论

意外考试悖论[19]进一步阐明了含混是悖论的根源。它出现在下面这 *112* 种听起来平凡无奇的情形中：

> 有一位老师宣布："同学们，你们最好在这个周末多多复习。因为下周将会有一场关于这个主题的考试。不过，我不会告诉你考试是

在哪一天；考试的时间安排会让人感到意外——考试是不可能提前预知的。"现在班上有一个极其聪明的学生，他做了如下的推理："老师答应给我们一场意外的考试。但考试不可能在周五，也就是下周的最后一天。因为它本该是一个意外，如果它没有在周四之前发生，那么它将在周五，即最后一个可能的日子，这不再令人意外。它在周四放学后就是可以预见的。所以周五被排除。但是，如果周五可以排除，那么周四也一样。因为如果到周三还没有举行考试，那么（因为周五已被排除），考试必须在周四。因此，周四安排考试也会与它的意外性相冲突。现在很容易沿着这条路走得更远。因为如果周四和周五都可以排除，那么考试也不可能出现在周三。同样地，周二和周一也是如此。因此，意外考试的整个想法都是不可能的，我们没有什么可担心的。"在做了这样的推理后，聪明的学生据此预测根本就不会有考试，因为老师答应让它成为一个意外，而在这种情况下，考试会被排除。

113 　　对于这个预言性的谜题，人们能做什么呢？在有些作家笔下，这是用一场意外的死刑来表述的，而法官取代了老师的位置。

　　可以用以下的方法来说明这个疑难的情况：

　　　　（1）下周有考试。

　　　　（2）考试可以在下周的任何一天进行，但不能不考。

　　　　（3）直到考试的当天，考试对学生而言都是一个意外。

　　这里（2）意味着考试可以在周五进行。但是（1）和（3）意味着考试不能在周五进行（因为在周四还没有考试的时候，它就显然是可以预见的）。

　　如何打破这种不一致的链条呢？让我们看看有哪些可能性。就可信性而言，（1）和（2）陈述固定的事实，这是问题的定义条件的一部分。这里的问题（假设）完全在老师的权力范围之内。因此（3）是链条中最薄弱的一环，我们得到的可信性情形是 $[(1), (2)] > (3)$，而 $(1), (2)/(3)$ 则是恰当的解决方案，因为其最优的保留配置是 $\{1, 0\}$。

　　事实上，有充分的理由认为（3）是有问题的。它的脆弱性来源于这样的事实：它遭受了一种无效的含混之苦，因为**它未能确定所讨论的不可预测或令人意外的时间性描述**（毕竟，在事后，没有什么事情是令人意外的）。在周五，在学周最后一天的早上，学生再也不能将尚未发生的考试威胁看成意外了。也就是说，**到那时**，考试的时机就不再令人意外了。但在那周之前**发布公告之时**——或者是在那周的周一——考试在周五将会是一个令人意外的事实，因为肯定无法用手头上的证据来预测它。可以肯定的是，在周四放学时，这个意外将会消失。但在这周之前选择周五肯定会让人感到意外。选这周的其他任何一天都一样。因此，如果考试的日期在宣布的时候被隐瞒了，那么我们就会有一场意外的考试（而不是事先安排好的考试）——当然，随着时间的推移，这个意外会不可避免地消失。总而言之，我们不能精确地指出发生时间这一点也不是绝对的，它本身就是一个时机问题。人们必须承认，（i）（根据事物的逻辑本性）在事情发生当时或发生之后，任何考试都不可能是意外；（ii）即使在倒数第二天结束时，也不可能有以天计最后期限的考试在最后一天还是意外。然而，事实依旧是，由于在**足够早的时候**这次考试的不可预测性，这次考试的时机在那时是个意外毫无疑问是可能的。

因此，这个假设的悖论的关键在于，人们必须对时间的参照点给予适当的关注，对它们而言"意外考试"的时机确实是令人意外的。老师所承诺的只是，考试的日期**在宣布的时候**将是一个不可预知的意外，而不一定是在以后的每个日期都是意外（正如悖论所表明的那样，这在某些情况下是不可能的）。由于这一关键性的疑难论题的含混，这里并没有真正的预测**悖论**，只有在忽略了获得意外的时间的情况下，才会有一种内在的缺陷——没有把握好意外的标准。因此，那个过于聪明的学生，在预测"根本就没有考试"时，违背了老师的意图，因而实际上为自己设定了一个当考试实际发生的时候更加确定的意外——**不论哪天都是意外**。

悖论作为一种探究工具的价值被这些歧义和含混的悖论突显出来。因为发现和验证消除不一致所需要的区别，对培养思维的清晰性和理解的洞察力而言是一种强有力的工具。

注释

［1］Nicholas of Cusa，*Of Learned Ignorance*（translated by Fr. Germaine Heron（New Haven：Yale University Press，1954），see pp. 17 and 39. 尼古拉认为，学习的真谛在于掌握我们的无知的不可避免性："智慧与真理的关系就像正多边形与圆的关系；正多边形与圆的相似程度随角的增加而增加……但增加再多的角——哪怕无穷——也不能让正多边形等于圆。"

［2］Aristotle，*Soph. Elen.*，165b25ff and 177a40ff.

［3］Aristotle，*Soph. Elen.*，177b10－12. 他提供的另一个例子是："这条狗是一位父亲。这条狗是你的。所以，这条狗是你的父亲。"（ibid.，179b14－15；但这个例子在柏拉图的《欧绪德谟》298D-E 中就出现了。）又或者："人们只能给人自己拥有的东西。但人们可以给某人一脚。但一脚却不是人们可以拥有的东西。"（ibid.，171a5）

［4］Aristotle，*Metaphysics*，Book IV，Chapters 3－4，类似地，*Categories*，Chapter 5。

［5］关于芝诺，参看 Zeller，*Philosophie der Griechen*，vol. I/1，pp. 746－765，Gregory Vlastos，"Zeno of Elea" in P. Edwards（ed.），*The Encyclopedia of Philosophy*，vol. 8（New York：Macmillan，1967），pp. 368－379，以及 G. E. L. Owen，"Zeno and the Mathematicians," *Proceedings of the Aristotelian Society*，vol. 58（1957－58），pp. 199－222。关于芝诺悖论的一本讨论文集见 Wesley C. Salmon（ed.），*Zeno's Paradoxes*（Indianapolis：Bobbs Merrill，1970），其中提供了大约 140 条参考文献。

［6］参看 Plato，*Parmenides*，127D。

［7］这里关于悖论的陈述的文本改编自 John Burnet，*Early Greek Philosophy*，4th ed.（London：Macmillan，1930），pp. 315－316。

［8］Kirk，Raven，Schofield，*The Presocratic Philosophers*，2nd ed.（Cambridge：Cambridge University Press，1983），p. 272.

［9］Kirk，Raven，Schofield，*op. cit.*，pp. 272－273.

［10］参看 Zeller，*Philosophie der Griechen*，vol. II/1，p. 266。

［11］Kirk，Raven，Schofield，*op. cit.*，pp. 274－276.

［12］关于欧布里德，参看第五章第 1 节。第欧根尼·拉尔修的《名

哲言行录》，Bk. II，Sect. 10，108－110；Bk. VII，Sect. 7，187。也参看 Prantl，*Geschichte*，vol. I，pp. 50－58；Aristotle，*Soph. Elen.*，179a32ff。

［13］Prantl，*Geschichte*，vol. I，pp. 37－38.

［14］参看 *Soph. Elen.*，175b27－38。

［15］高尔吉亚（Gorgias）甚至将他的论文命名为"On Nature or That Which Is Not"。

［16］刘易斯·卡罗尔（Lewis Carroll）的《爱丽丝漫游仙境》中提供了如下的变体："我看到没有人在路上。"爱丽丝说。"我多想**我**也有这样的眼睛。"国王用一种烦躁的语气评论说。"能够看到'没有人'！还隔那么远！为什么**我**到现在为止都只能看到真实的人！"

［17］参见 Zeller，*Philosophie der Griechen*，vol. II/l，pp. 247－248，266－271。

［18］关于大师论证及其文献，参看拙文"A Version of the 'Master Argument' of Diodorus，"*The Journal of Philosophy*，vol. 63（1966），pp. 438－445。

［19］意外考试悖论最初表述为意外**绞刑**悖论，后来又被重塑为其他样式（比如意外的军事检查或意外的战时管制）。其最初的版本由蒯因在 1940 年代的一篇文章中提出，但直到十年后才发表（"On a So-Called Paradox，"*Mind*，vol. 62［1953］，pp. 65－67；reprinted in Quine 1966）。同时，D. J. O'Connor 1948，L. J. Cohen 1950，M. Scriven 1951，P. Weiss 1952 等都有讨论。对各种消解方案的综述，参看 Avishai Margalit and Maya Bar-Hillel，"Expecting the Unexpected，"*Philosophia*，vol. 13（1983），pp. 263－288。

第七章
考虑的悖论

第七章　哲学悖论

7.1　哲学悖论

　哲学中出现悖论主要是因为广义的哲学家共同体内部的不一致。相互冲突的学说各有其支持者。一个哲学家或学派为某个论点构造一个例子，而另一个哲学家或学派构造了与前一个论点不相容的相反论点的例子。如果（或者，更确切地说，既然）哲学论点的可信性必须在自由民主基础上理解，因为有**某些**哲学家支持它（而不是支持某个权威哲学家或学派），那么可信的论点可以导致这个领域里的疑难冲突，这就不那么让人感到惊奇了。

柏拉图理念论的反对者提出了著名的**"第三人"**悖论，这个悖论实际上可以表述如下[1]：

（1）使不同的对象成为同一类对象的是相似的理念。个别的人被当作人是因为他们与人的理念和永恒原型有相似的亲属关系。（本质上，这是柏拉图理论的核心。）

（2）但如果这是一般情况，那么使这个或那个个人与人的理念同化的必定是它们分享了另一个更高的理念，即第二个人，这个理念使个人与人的理念彼此同化。

（3）而这个过程将无穷进行下去：我们现在需要第三个人使第二个人与第一个人的理念相比较，以此类推。

（4）一个可存活的学说不能使自己进入无穷后退。因此——与（1）相反——柏拉图的理念论不是可存活的。

正如柏拉图的批评者所说，摆脱这个悖论的明智方法是抛弃（1），因此抛弃柏拉图的理念论。（其实，柏拉图理论的捍卫者会毫不犹豫地抛弃（2），并且不用类型相似来理解个人与理念之间的分享关系。）

考虑下面亚里士多德在其哲学思考的过程中提到的**海战悖论**：

（1）真理是永恒的。如果一个（完全确定的）陈述曾经是真的，那么它就总是真的并且无处不真，而且后天也是真的，正如今天是真的一样。

（2）如果关于明天发生的事情的陈述在今天就已经是真的了，那么它所主张的就是不可避免的、完成了的事实，就好像是最终命中注定的。

（3）下面两句话中有一句将在后天成为真的："［明天］海湾里会发生海战"，"［明天］海湾里不会发生海战"。

（4）海战将会发生或不会发生已经是确定的、必然的、不可避免的。（根据（2），（3）。）

（5）但是，既然有自由意志并且战争的准备和地点至今还没有确定和决定，那么假设的明天的海战就不是已经确定的、必然的、不可避免的——与（4）相矛盾。

很明显，这些陈述包含一个需要被打破的不一致的疑难圈。而且——很自然地——努力克服这类模式的哲学家并不认为这种情况是可信的。

119　　亚里士多德自己把（1）当作罪魁祸首——这个链条上薄弱的一环。原因是——正如某些解释者所理解的那样——像"［明天］发生的海战"这样的命题不是永恒为真的，而是在所讨论的事情发生的那天成为真的，并一直保持下去。（在此之前它们处在真理的边缘地带。）

古典时代的麦加拉学者选择拒绝论题（5）。他们是决定论者，试图把运气和偶然性排除在世界之外。

相反，现代学者通常选择拒绝论题（2）。他们会论证，时间性陈述的真仅仅依赖于在陈述中所谈论的时间上发生的事情。基于此，真完全不是决定论的、不可避免的、预先决定的。

但是，最明智的方法可能是下面的方法。显然 ｛（1），（2），（3），

（5）｝构成一个疑难四元组。这里（1）与（3）是真理论的基础原则。但是（2）与（5）是关于命运、不可避免、预先决定的，它们是更有问题的猜测性论题。所以我们得到一个优先性排序 [（1），（3）] > [（2），（5）]，相关结果是 R/A-解决方案（1），（2），（3）/（5）和（1），（3），（5）/（2）是并列最优的，它们的保留配置是 {1, 1/2}。实际上，摆脱不一致的两种可能方法是一样的：抛弃（2）及其理念即预先设定的真理蕴涵着未来的不可避免性；抛弃（5）因而接受预先决定的不可避免性与命中注定的理念。所选的**这种**解决方案超越了一般原则的范围，它要求安排一种实质性的哲学学说。

哲学神学为所涉及的这类复杂性提供了进一步的解释。根据克尔凯郭尔，人类不能设想上帝实际的样子，这是犹太基督教的哲学神学悖论。**克尔凯郭尔的上帝悖论**设想了下面不一致的三元组：

（1）礼拜上帝是理性上恰当的。

（2）一个理性存在者不会——不能——礼拜他不能恰当理解的事物。

（3）人不能恰当理解上帝。

克尔凯郭尔认为（1）导致问题是因为它把宗教与理性联系了起来，*120* 而（2）和（3）是显然的日常事实。所以他设想了一个优先性：[（2），（3）] > （1）。由此，他认为必须拒绝（1）。在他看来，要求对宗教进行理性的理解是不可行、不恰当的。因此克尔凯郭尔并没有采取无神论的简单方法来拒绝（1）。相反，与圣保罗和帕斯卡一样，他认为宗教信仰是超越理性的——在德尔图良看来，这种信仰正因为其内在的矛盾而不得不承认。

确实，关于承诺的优先性可以提供一种解决困境的方法。（在考虑宗教——而不是在宗教**中**思考——的时候，克尔凯郭尔想让我们承认一致性。）但是，正如这个例子所指出的，这种优先性并不总是很明显的，用不同优先性进行处理的学者们可能完全同意抛弃（2）或（3）。[2]

"存在主义"学派的哲学家被**存在主义悖论**所吸引，这个悖论依赖的想法是：出生（进入生命）就自动成为不可避免地走向死亡的开始（离开生命)。[3] 形式上说，这个悖论表述如下：

（1）有机体的过程都是为了生命的实现和扩充。

（2）生命必然与死亡相连：每一个活的有机体都处在不可避免地走向死亡的旅途中。有机物都是趋向死亡的，这是自然的特征。

（3）（2）与（1）不一致。

121 　这里（1）显然是更有问题的猜测性论点，因为（2）实际上是"日常的事实"。但是抛弃（1）可能与区分个体层次上的生命和种层次上的生命有关。因此，是在大规模的个体集合意义上而不是个别的个体意义上接受论题（1）。确实，个体的死亡率可能会/将会代表一种促进大众福祉的工具。这里和通常一样，在抛弃论题之后，可以通过区分来挽救局面。

时间旅行悖论是科学小说中常有的[4]：

（1）时间旅行在理论上是可能的。

（2）通过回到过去，时间旅行者可以遇到他自己的祖先。

（3）时间旅行者可以与他遇到的人相互影响，而且——特别地——可以杀了他们。

（4）根据（3），时间旅行者可以通过杀死他的某个祖先来阻止他自己出生。

（5）与（1）相反，时间旅行是不可能的，因为它包含阻止自己出生这个荒谬的预期。

有待研究的可能的解决方式有：

抛弃（1）。完全拒绝时间旅行的可能性。

抛弃（2）。拒绝时间旅行可以抵达过去时间的某些空间区域。

抛弃（3）。至少在某些领域限制时间旅行者进入因果关系。

抛弃（4）。阻止时间旅行者进入某种自我冲突。

122 　鉴于这个问题高度推测性的本质，对这个悖论的解决也必须是高度推测性的。但是正如前面指出的，思辨的科学哲学提供了各种可能的学说来解决时间旅行悖论。另外，对相对可信性的评估要求对重大的实质问题采取立场。

哲学问题的概念复杂性在于它很容易陷入术语问题。由此，哲学悖论为含混悖论提供了大量例子。因此，考虑来自哲学神学的经典的**神的预知悖论**，它基于下面不一致的四元组。[5]

　　（1）人是自由的主体。

　　（2）作为全知的上帝，他必须知道——甚至可以说"提前"知道——人的最终决定。

　　（3）但是如果人的决定被提前知道了，那么他们因此就暂时被提前决定了。假如人要做的被上帝提前知道了，他就不能做其他事情了。

　　（4）由此，人不是自由的主体，因为做出不同的决定和行动的能力是自由的核心。

这个悖论的解决依赖人们对上帝、人以及他们之间关系的基本观点。神学决定论者把（1）当作最弱的环节，而选择决定论的宿命观点。其他学者抛弃（3）而主张更精致的理论，据此，神的预知并不蕴涵预先决定，而且与人的意志自由相一致。其他人拒绝（4），他们不把自由看作有不同行动的能力，而是属于人的行动与人的审慎决定之间的关系，因此对自由的预知不会妨碍自由。还有人否定（2），认为必须抛弃预知，因为全知不是字面上知道所有事情，而是可以被知道的所有事情——对于尚 *123* 未解决的人类自由决定来说，情况并非如此。

正如过多的可能性表明这个主题是引起争议的话题，约翰·弥尔顿（John Milton）笔下沮丧的魔鬼被迫对这些问题进行徒劳的争论："确定的命运，自由的意志，绝对的预知。没有尽头，迷失在魔杖的迷宫中"（《失乐园》，II，559-560）。它们全部的努力都是无用的，因为在上帝的理性创造物中，这些魔鬼自身就有"确定的命运"，在不恰当的行为之后失去了自由意志，这导致它们被逐出天堂。

7.2　哲学疑难将问题连在一起

在哲学认识论中需要认真处理下面的**解释悖论**：

（1）**充分理由原则**：每一个事实都需要并且（原则上）有一个令人满意的解释。

（2）**非循环原则**：没有事实是自我解释的。没有事实可以恰当地出现在其自己的解释回归中。

（3）**综合原则**：只要事实的（任何）解释材料自身是未解释的，对事实的这个解释就不是令人满意的。

（4）但是因为所讨论的事实在解释的任何阶段都需要被解释，而且这个解释自身要求一些新的未被解释的东西（根据（4）），那么就没有事实可以得到令人满意的解释。

（5）（4）与（1）矛盾。

这里（1）-（3）构成了不一致的三元组。这个疑难簇中至少某一个可信原则会因其绝对的普遍性而被抛弃。摆脱这种情况有三种可能：

拒绝（1）。接受非理性，接受那些必须接受的本身不需要解释的非理性事实。

124

拒绝（2）。允许某些事实在它们自己的解释中发挥作用——可能通过非线性的（"融贯论的"）解释模型来区分恶性解释循环和良性解释循环。

拒绝（3）。接受一个令人满意的解释，只要所讨论的对象比被解释的事实本质上更清晰明了——已经有了我们可以就此打住的充分解释。

这里涉及三个不同的哲学立场：非理性主义，融贯论，解释的实用主义。很明显这里讨论的疑难把它们联系在一起，形成相互协调的关系。

考虑下面这个疑难簇中的**自由-因果关系悖论**，它使意志自由处于矛盾地位：

（1）所有人的行为都是被因果决定的。

（2）人能够并且确实在某些情况下自由行动。

（3）真正自由的行动不能被因果决定——因为如果是这样被决定的，那么据此事实，这个行动就不是自由的。

这些论题代表了一个不一致的三元组，但是可以通过三个不同的方法保留其一致性。

拒绝（1）。"唯意志论"——根据因果决定论，没有自由的意志行动（笛卡尔）。

拒绝（2）。被因果限制的意志的"决定论"（斯宾诺莎）。

拒绝（3）。自由行动与因果决定的"相容论"——比如，有理论区分内部因果决定论与外部因果决定论，并把前一种决定论当作与自由相容（莱布尼茨）。

另外，我们有很多不同的哲学观点，它们通过在疑难情况中的共同作 *125* 用而相互关联。在这种情况下，可以通过适当区分来厘清术语，以此来处理这个问题。

7.3　哲学可信性

就策略而言，哲学中解决悖论的方法是我们在所有地方都应采纳的相同方法，即：抛弃论题，当然最好能保留部分区分。当然，我们认为一个论题的可信性越高——我们越认为这个情况值得保留——当我们面对其缺失的时候需要忍受的痛苦就越大。

哲学悖论的困难在于，决定论题的相对优先性和优先权的关键问题在此领域中很少是完全直截了当的。它依赖于对解决问题者的具体意识形态敏感性的评估和评价。

但是如何处理呢？我们的优先性标准是什么呢？哲学上，我们进行这种限制的指导原则依赖于整体系统性的要素。这里起作用的操作原则是用经验实现优化调整——信息量（回答问题并解决难题）与可信性（坚持那些基于我们相关经验有理由确认为真的主张）之间最好的整体平衡。我们想回答我们的问题，但是我们想让这些回答构成一个融贯的系统整体。它既不只是我们想要的答案（不管它们的证实），也不只是安全的主张（尽管它们缺乏信息量），而是这两者的合理配置——这是一个明智的平衡，它以一种能行的方式使我们的承诺系统化。[6] 而这也适用于悖论。

人们理想的充分解决方案不只是具体的，而且是普遍的。

7.4 区分的作用

126   每当哲学悖论的解决方案要求**抛弃**冲突中所涉及的某些论题时，就没有一种简单方法是完全没有代价的。这个问题始终是在各种选项中进行选择，而在这些选项中，不管我们如何调整，我们都得抛弃某些表面看起来可信的东西。就此而言，区分有另一个重要功能。因为每当为了一个保有一致性的解决方案而要抛弃悖论的某个前提时，就可以做出损失-补偿的努力来挽救那些没有被抛弃的前提中的某些元素，方法是通过区分来把它分为可行的部分和不可行的部分。[7]

考虑一个例子。**破坏承诺悖论**在伦理学理论中有重要作用：

（1）破坏承诺在道德上是不正确的。

（2）做我们无法阻止的事情不是道德上不正确的。

（3）在某些情况下，我们不得不破坏一个承诺：破坏承诺是语境上不可避免的。

这里，一种处理方法是区分**自愿破坏承诺**与**非自愿破坏承诺**。对于自愿意义上的"破坏承诺"来说，（1）是真的而（3）是假的。而对于非自愿意义上的"破坏承诺"来说，（3）是真的而（1）是假的。由于含混性，这个悖论陷入两难困境。但是，我们现在可以从这些残骸中抢救出一些东西来。通过把这种问题限制到**自愿**破坏承诺的特殊情况上，保留（2）和（3）还可以在（1）的论点（即破坏承诺在道德上总是不正确的）中抢救出一些东西。

这种通过区分来限制损害的策略有广泛的应用。既然每一个疑难簇的

127 论题都有各自的吸引力，无限制的拒绝使被拒绝的论题不被承认。通过单纯的修改而非直接拒绝一个有问题的论题，我们能够对那些最初使我们陷入矛盾的诸多考量有恰当的认知。

由此，区分可以使哲学家移除不一致性，不只是通过简单地**抛弃**论题这种**否定主义**，而且是通过论题**限制**这种更微妙且更有建设性的方法。区

分的关键不只是否定或拒绝，而且是把不可行的论题修改为积极的更好地起作用的论题。因此，考虑一个有如下结构的不一致的三元组：

  ——所有 A 都是 B。

  ——所有 B 都是 C。

  ——有些 A 不是 C。

  注意，只有当把这些论题联系在一起的联系词（A，B，C）在每一次出现时都是在完全相同的意义上使用的时候，它们才是不一致的。如果仔细审查显示了最小的偏差——比如说，如果有一个论题中的 A 是 A_1 而其他情况下是 A_2——那么这种不一致性就被移除了而且这个问题被取消了。因此，区分是解决哲学问题的重要工具，它们是消除不一致性的天然手段。

  让我们进一步检验一下这个过程的工作方式。

  考虑一下基于下面四个论点的**形式-质料悖论**，它们都得到前苏格拉底哲学家的赞成：

  （1）现实是一：真正的存在是同质的。

  （2）质料是实在的（自在的）。

  （3）形式——在几何学上考虑——是实在的（自在的）。

  （4）质料和形式是不一样的（异质的）。

  这里（2）–（4）蕴涵着现实是异质的，因此与（1）相矛盾。由此，（1）–（4）整体代表了一个疑难簇，它反映的是认知过度。这种情况是很典型的：哲学论题的问题语境产生自这样一种冲突——每个过度承诺都很诱人，但联合起来却不一致。这些论题围绕着这样一类疑难簇——一个可信论题的集合，它非常自信地**过度决定**了太多主张以至于会导致不一致。 *128*

  在这些情况下，不论对这些可信的论题有什么偏好，它们都不能全部被保留。有些东西必须放弃。具体来说，我们可以这样进行：

- 从（2）–（4）推出拒绝（1），
- 从（1），（3），（4）推出拒绝（2），
- 从（1），（2），（4）推出拒绝（3），
- 从（1）–（3）推出拒绝（4）。

由此，古希腊哲学家面临着下面这些可能性：

　　拒绝（1）：多元论（阿那克萨戈拉）或者形式-质料二元论（亚里士多德）。

　　拒绝（2）：唯心论（埃利亚学派，柏拉图）。

　　拒绝（3）：唯物论（原子主义）。

　　拒绝（4）：双面理论（毕达哥拉斯主义）。

正如这种疑难分析所指出的，这些不同的古希腊形而上学主流学派，被这里讨论的悖论紧密联系在了一起。

当然，每一个选项都有各自的机会和问题。比如，考虑拒绝论题（2）的情况。注意下面这点是有益的：它的实现不是通过简单地完全**抛弃**，而是——根据芝诺和柏拉图的唯心主义先例——按照如下一些线索用某些东西来**替代**它。

　　（2'）质料并不是作为一种独立的存在模式而实在的，相反，它仅仅是准实在的，它是一个单纯的**现象**，一个以某种方式基于非物质现实的表象。

129　　新的四元组（1），（2'），（3），（4）可以同时成立。

在采取这种解决方法的时候，人们再次诉诸一个区分，即下面两者之间的区分：

　　（i）严格现实是自足自立的存在。

与

　　（ii）派生的或削弱的现实是处理绝对现实的（单纯现象的）产物。

使用这种区分能让我们解决一个疑难簇——但并不是通过简单地**抛弃**导致悖论的那些论题中的某一个，而是使它**合理化**。（但是，请注意，一旦我们遵循芝诺和柏拉图用（2'）代替（2）——并且由此把质料重新解释为"单纯的现象"——论题（4）的实质就被彻底改变了，旧的内容依旧被保留，但它现在根据新的区分而获得了新的意义。）

伦理理论中所谓的**苏格拉底悖论**依赖于这个苏格拉底的论题："没有人故意做错事。"[8]这导致下面的论证：

（1）理性并且信息充分的人经常采取错的行动——而且故意为之。

（2）理性的人只会有意地去做那些他相信正面效果大于负面效果的事情。

（3）故意选择错的事情破坏了主体的心态，其程度自动大于错误的行为可能带来的任何好处。

（4）根据（2），只有错误的相信——与（3）矛盾——一个错的行动会产生有益的正面效果的时候，一个理性的人才会有意地去做错的事情。

（5）理性并且信息充分的人不会做错的事情。（根据（3）-（4）。） *130*

（6）（4）与（1）矛盾。

这里 {（1），（2），（3）} 构成了不一致的三元组。苏格拉底自己认为（2）和（3）有优先性，因此他拒绝（1），并因此导致了他的"悖论的"教训："没有（理性且信息充分的）人故意做错事。"所以，对于苏格拉底来说，错误的行为（违反道德的行为）最终是（理性及其恰当使用的）理智的失败而非意志的失败。

基于此，按照苏格拉底自己的分析可以得出，悖论本质上是一种含混。我们必须区分**实际的**选择和行动与**理性的**选择和行动。就理性的行动而言，（1）是假的而（2）是真的，而就实际的行动而言，（1）是真的而（2）是假的。

另外，考虑中世纪哲学神学的经典难题：全能的上帝能够复制他自己吗？这个问题导致了两难悖论。因为如果上帝不能这样做，那么如何说他是全能的呢？因为有他不能做的事情。但是如果他能做到，那么他怎么有资格被称作全能的呢？因为有（或可能有）另一个有同样能力的存在能够检查他的行动。

这个难题产生了**神的全能悖论**，它根源于下面论题的疑难不一致集合：

  （1）有一个无所不能的（全能存在）上帝。（根据假设。）

  （2）一个全能的存在按照字面意思可以做任何事情。（根据假设，这是"全能"的定义。）

  （3）按照字面意思，上帝可以做任何事情。（根据（1）和（2）。）

  （4）上帝可以复制他自己。（根据（3）。）

  （5）复制的上帝将会与原先的上帝有同等能力。（根据"复制"的定义。）

131

  （6）任何存在的行为都可能被同等能力者的行为抵消——并因此而否定。（根据"同等能力"的定义。）

  （7）其行为可以被另一个存在抵消的存在不是无所不能（全能的）。（根据（2）。）

  （8）上帝不是全能的——与（1）相矛盾。（根据（5）-（7）。）

（8）与起点（1）的冲突表明整个集合是有问题的——联合起来是不一致的。我们再一次得到了悖论。[9]

这个疑难的各个论题是演绎出来的，因为它们可以通过逻辑推理从其他论题那里得到，因而我们可以把这里的冲突追溯到不一致的四元组{（1），（2），（5），（6）}。因为这四个论题是唯一不可演绎的论题（它们的证成不是根据"从……"得出来的），它们独自承载着矛盾的重担。

因此在这些情况下我们被迫要牺牲这四个论题中的一个。我们再一次需要探索这个不一致链条上最薄弱的一环。

进一步看一下我们有问题的四元组。这里（1）是一神论神学的基本教条，而（5）和（6）来自相对没有问题的定义。但是，这里（2）中假定的定义，事实上是非常有问题的，因为我们需要问自己，全能是不是指按照字面意思有能力做任何事情而不是逻辑上可能的任何事情。基于此，这里的优先性排序是：

  （1）>[（5），（6）]>（2）

这里我们恰好有三个优先性层次。因此恰当的解决方案是（1），（5），（6）/（2），这是最佳的保留配置。[10]

而且事实上有充分的理由来考虑（2）。因为可以认为这里的悖论基

于对全能的有问题的建构。而这恰是中世纪学者普遍赞成的选项。正如他 *132*
们所认为的，这里的弱点是"按照字面意思可以做任何事情"这个意义
上的全能。因为"全能"要求被理解为"可以做任何可能的事情"或者
"可以做类上帝的存在者合理地想做的任何事情"。如果抛弃（2）——或
者，相反，按照推荐的方式重构——那么不一致就可以解决了。

这个例子传达了一个重要教训。区分的使用与可信性考虑相互影响。
因为我们有很好的理由来确定最不可信的疑难前提，并通过挽救性区分对
它进行分割。毕竟，承担这种区分的"坏的"一面极有可能是所涉及的
不可信性的来源。

确实，如果我们只关心避免不一致性，那么区分是不需要的。简单地
抛弃论题，仅仅拒绝断定，就足以达到这个目的。但是，如果我们要保持
信息丰富性的立场并为我们的问题提供答案，那么区分是必然的。我们可
以通过抑制承诺来防止不一致性。但是，这却让我们两手空空。区分是我
们在（永无止境的）工作中使用的工具，它把我们的武断承诺从不一致
中拯救出来，同时也拯救了我们所能拯救的事情。

因此哲学史中大量使用区分来避免疑难的困难。在柏拉图对话录
（哲学中最早的系统作品）中，我们随处可以遇到区分。比如，在《理想
国》的第 I 章中，苏格拉底的对话者很快就陷入了下面的**自利悖论**：

(1) 理性人总是追求他们自己的最大利益。

(2) 人的最大利益中没有什么会危害他们的幸福。

(3) 即使理性人有时候也会——并且必须——做一些不利于他
们幸福的事情。

这里，通过区分人的"幸福"的两种意义——与人们的真正本质相
一致的理性的满足与仅仅通过愉悦来增加的人们的直接满足，简言之，真 *133*
正的幸福与仅仅情感的幸福——可以避免不一致。就**真正的**幸福而言，
（2）是真的但（3）是假的，而就仅仅**情感的**幸福而言，（2）是假的但
（3）是真的。

在大多数情况下，柏拉图对话表达了一个又一个区分的戏剧性演变，
因为苏格拉底和他的对话者试图摆脱各种错综复杂的不一致。区分的这种

用法是悖论的克星，它在哲学中很常见，因为区分总能够从残骸中拯救出某些东西。

注释

［1］提出第三人论证是为了反对柏拉图对话录《巴门尼德》中巴门尼德的理念论。亚里士多德在《形而上学》990b15－23 以及 1031b19－1032a7 中对此表示强烈赞同。参看 Prantl, *Geschichte*, vol. I, pp. 18－19。

［2］关于神学悖论，参看 H. Schroer, *Die Denkform der Paradoxalität als theologisches Problem*（Göttingen：Vandenhoeck and Puprecht, 1960）。也可参看 Gale 1991。

［3］关于这个悖论及其神学和心理学影响，可参看 Howard A. Slaatte, *The Persistence of Paradox*（New York：Humanities Press, 1968）。

［4］关于时间旅行及其哲学影响，可参看 John Earman, "Recent Work on Time Travel," in S. Savitt ed., *Time's Arrow Today*（Cambridge：Cambridge University Press, 1995）。

［5］关于这个悖论的影响以及很多相关悖论问题，参看 Gale 1991。

［6］对哲学的疑难本质及影响的详细探讨，可参看 Nicholas Rescher, *The Strife of Systems*（Pittsburgh：University of Pittsburgh Press, 1985）。这本书也有西班牙语、意大利语和德语翻译。

［7］参看 Rescher, *The Strife of Systems*（op. cit.），尤其是第三章，pp. 64－77。

［8］参看 Plato, *Protogoras*, 352。

［9］对于这种悖论以及哲学神学中的相关问题，参看 Gale 1991。

［10］当然，有更极端的可能性，比如无神论者完全拒绝上帝存在的可能性。

第八章
考虑的悖论

- 荒谬的指令悖论（例如日本天皇悖论）
- 打父母悖论
- 有角者悖论
- 规则/例外悖论
- 大人/小孩悖论
- 理发师悖论
- 参考书目悖论
- 不合法的总体悖论
- 康德的二律背反
- （各种）预言悖论

第八章 不适当预设 （尤其是不恰当的总体） 的悖论

8.1 无保证的预设

与其他精确推理的例子相似，悖论通常（即使只是默认地）包含某些基本形式的交际预设，主要包括以下两种：

- 构成这些命题的词项是有意义的、良形的、不含混的（换句话说，在不同前提中的意义是统一的）。

- 这里讨论的命题是有意义的，至少是可信的，如果不是实际上真的。

当然，这个预设可能无法满足——其方式可能对所讨论的悖论的论证的可存活性有致命的影响。

但是，本章中我们最关注的不是这些一般的常规标准的交际预设。相反，这里讨论的是**实质性的**，因而是事实预判的预设。这种差别意义重大。如上所述的交际预设是一个悖论的论证说服力的**一般性先决条件**。实质性预设是**具体材料假设**，其不可行性（更不要说错误了）会抹去一些论证的前提。因为悖论通常依赖不适当且无保证的**事实**假设。比如，它们可以从假设的建构过程得出，而这些建构过程的指令实际上是不能实现的——无论是原则上还是实践上。因此，考虑下面的指令：

1. 拿一号砖。
2. 拿二号砖。
3. 把一号砖放在二号砖旁边。

　　一般来说，这一系列指令完全没有问题。但是如果一号砖与二号砖是同一块砖会怎样呢？显然，指令"拿一块砖然后把它放在它自己旁边"是荒谬的，它可以直接导致悖论。比如，埃舍尔（Escher）的画形象地说明了这个现象，他画了一只自己画自己的手[1]，这暗示了一个更奇怪的可能性变体，一个在把自己画出来的过程中挥舞粉饰的形象。正如视错觉一样，并非这种景象自身是悖论，而是我们对这些图像所描绘的东西进行"自然的"刻画的那些陈述构成了不一致的集合。这类悖论是建立在错误的假设或预设的不牢固的基础上的，即某种假设的建构是可以实现的——而事实上并非如此，因为它与基本的物理事实或几何事实相冲突，因而包含内在的荒谬。

　　另外，考虑根据吉尔伯特与沙利文（Gilbert and Sullivan）同名歌剧改编的**日本天皇悖论**，这个悖论产生自四个规则：

- 每月执行一次死刑。
- 死刑是通过用剑斩首来实施的。
- 囚犯被执行死刑的具体命令不会被违背。

- 只有官方最高执行人才能执行死刑。

显然，当下一个被执行死刑的囚犯自己被指定为最高执行人的时候就会产生悖论。

　　因此，悖论不仅能影响论点和问题，而且也能影响指令。禁令"永不言败"与"所有概括都是假的"一样会导致悖论。墙上贴的标语写着"此处不准贴标语"与"墙上所有陈述都是错的"的涂鸦面临同样危险。另一个不能实现的指令的例子是"不要读这个句子"——这个要求显然来得太晚了。更有意思的一个例子是下面这个解决方案，有报道说它被密西西比州坎顿市议会采纳[2]：

1. 议会决定：我们建一座新监狱。
2. 决定：新的监狱用旧监狱的材料建成。
3. 决定：旧监狱继续使用直到新监狱完成。

真是个好把戏，如果可以实现的话！

　　如果我们对"我们应该知道得更多"的某些事物进行没有保证的预

设，那么这就很容易与其他我们知道的事物——或者认为我们知道——产生冲突。一个很好的例子是被讨论很多的"你停止打你父亲了吗?"[3]，这导致了经典的**打父母悖论**，它基于下面一些论点：

（1）回答者必须用"是"或"否"来回答问题。

（2）如果他回答"是"，那么就等于承认他过去常打他父亲。 　　*140*

（3）如果他回答"否"，那么就等于承认他依旧打他父亲。

（4）不管怎样，都会得出回答者承认他打过他父亲。

（5）但是我们都很清楚，回答者可能从来没打过他父亲。

（6）所以，不论回答者怎么回答可能都无法正确回答。

（7）但是，对于"是"/"否"问题的直接回答在某个语境中必须是真的。

（8）（6）和（7）相互矛盾。

如何打破这个不一致的链条？这里比较有希望的一个方案与论题（3）有关。因为这个论题忽视了这个事实：对这个问题的否定回答有两个不同的结构并且涵盖了两种不同的可能性。按照通常的用法，这里的否定性回答至少涵盖两种可能性："不，我没有停止打他，因为我依旧在这么做"，或者"不，我没有停止打他，因为我从没有开始过"。（3）的结构支持了（4），它完全否定了其他可能性。它依赖的预设——在这个语境中是完全没有保证的——是回答者曾经打他的父亲。

欧布里德的**有角者悖论**（可能）是另一个不适当假定悖论的例子，它在古典时代很受欢迎："你丢过两只角吗？没有！好，那么你一定还有它们。"[4]这个悖论依赖于没有保证且经常错误地预设，这早已是此领域中的老生常谈。

8.2　悖论性问题

打父母悖论和**有角者悖论**说明了更重要的现象：不只陈述，甚至问题 *141* 本身就可以是悖论性的。"这个问题的答案为'否'吗?"就是一个例子。考虑由此导致的后果：

给出的答案：	根据给出的答案得到的答案：
是	否
否	是

这里无法达成一致。因为对这个问题的每一个直接回答都会导致悖论性陈述："是的，对这个问题的正确回答为'否'。""不是，对这个问题的正确回答为'是'。"这种情况是概括性的。悖论性问题是这样的，对它的每一个直接回答都是通过自我一致达到自相矛盾的。对这个问题的任何（直接）回答都不可能是正确的。而所有这类悖论的关键都在于一个事实，即所讨论的问题包含一个无法得到的预设。[5]

有意义的问题的标准假设是它们可以被直接回答并且某些直接回答至少**有可能**是正确的。悖论性问题破坏了这个预设。

但是同时，如果不能对一个问题给以不正确的直接回答，那么这个问题就是**隐藏的悖论**。比如："你对这个问题的回答是肯定的吗？"对此，给定的回答以及据此给定的回答而生效的回答始终是一致的。

如果我们断定说"所有规则都有例外"或者——福尔摩斯（Oliver Wendell Holmes）说得更形象——"任何全称命题都一文不值"，那么我们就会遇到悖论。但事实是**几乎**所有规则都容许例外，**几乎**所有概括都有限制条件，这里讨论的观点因为"几乎"这个限制条件而成为非悖论性的。正如亚里士多德在其《诡辩篇》[6]中所指出的，解悖之路遍布问题，这包括诉诸实际上有例外的一般原则："人们应该做这个规则所要求的吗？""人们应该尊重其父母的意愿吗？"与打父母悖论一样，对这样的问题你不管怎样都不能取胜。因为如果你回答"否"，规则会反对你；如果你回答"是"，那么就会引用可信的例外来反对你。[7]认为合理的规则是绝无例外并且**总**可使用的是错误的假设，这才是这个问题的关键。

考虑一个例子。弗雷德里克是吉尔伯特与沙利文的《潘赞斯的海盗》中的主人公。他处于困境中。因为，下面的**大人/小孩悖论**，使"弗雷德里克多大年龄"这个问题成了一个难题：

（1）弗雷德里克是 25 岁的大人，他已经活了那么多年。

（2）人们与他的生日周年一样大。

（3）弗雷德里克出生在一个闰年的 2 月 29 日，即闰日。因此他只有五个生日。

（4）根据（2）-（3）中提到的生日计算方式，弗雷德里克只是一个 5 岁小孩。

（5）（4）与（1）矛盾。

这里的罪魁祸首显然是前提（2）。它陈述了一个非常可信的规则，但它有一个极为罕见的例外——具体来说是 1/1 460。但是，在弗雷德里克的例子中，我们需要与这些例外之一做出妥协。这里产生了不一致，因为这个特殊的例子指出了一种情况，而规则的概括性指出了另一种情况。

8.3 否定总体的自指：理发师悖论

正如上面所指出的，所有合理主张与深思熟虑的语境都由一个至少是 *143* 默认的假设所控制：不只是主张中使用的词项是意义明确的，而且这些主张自身如果不是实际上真的至少也是可信的。如若这个预设是无法保证的，那么悖论的深渊就会完全打开。

理发师悖论[8] 示例了这个问题，这是一个备受关注的难题。它基于下面的谜团：

> 某个村庄有一个理发师，其工作是给村庄里所有不给自己刮脸的成年男性刮脸。当然，他自己是生活在这个村庄里的成年男性。他给不给自己刮脸呢？

这里明显的悖论是如果他给自己刮脸，那么（根据假设）我们的理发师不会给他自己刮脸，而如果他不给自己刮脸，那么（根据假设）他会给自己刮脸。不管怎样我们都处于困难之中。

更形式地说，我们的理发师 B（根据假设）是这样一个人：

$$\forall x[S(B, x) \text{ iff } \sim S(x, x)]$$

但是，当这里的 x 以 B 自身为示例的时候，就会产生：

$$S(B, B) \text{ iff } \sim S(B, B)$$

这个结果使我们陷入了悖论，因为我们现在既不能主张 $S(B, B)$ 也不能主张 $\sim S(B, B)$。看起来我们在这里无法得到一致性。

下面的论题构成了定义这个悖论的疑难簇：

144

（1）有——或能够有——一个理发师，他符合这个故事的规定。

（2）这个故事中的理发师（与其他人一样）或者给或者不给他自己刮脸，但不能同时成立。

（3）如果这个理发师给自己刮脸，那么根据故事的规定他不是给自己刮脸的人。

（4）如果这个理发师不给自己刮脸，那么根据故事的规定他会给自己刮脸。

（5）因此每一种方式都会产生矛盾。

这里打破不一致性链条的最佳点显然在一开始就是这个假设的理发师自己。因为没有也不可能有一个理发师满足这些特殊的条件。因此理发师悖论从一开始就被破坏了，它的断定基于一个不能存在的理发师假设。在讨论阶段引入一个理发师的企图失败了——无法引入。

另外，考虑与之紧密相关的如下**参考书目悖论**：

确实有参考书目的参考书目（清单的清单以及登记簿的登记簿）。这种参考书目（或者登记簿的清单）是**完全的**如果它列出了所有参考书目（等）。当然，对于大多数参考书目来说，如果它们遗漏一些目录，它们就是不完全的。而其中很多都会遗漏的就是它们自身。这样的参考书目可以被描述为自我忽略的。但是现在考虑一下忽略自身的参考书目这个理念。让我们思考一个完全参考书目的理念——列出所有（且只有）自我忽略的参考书目的参考书目。这样一个参考书目包含它自己吗？显然，这个问题使我们陷入悖论。

这又是一个基于错误且不可行的预设的悖论，即预设可以有这样一个参考书目（或清单或登记簿）。这是不可能的。这个悖论本身表达的已经很清楚了，这个对象的理念是荒谬的。

此外，让我们假设下面的定义：

T = "真" 的合取，它把所有（且只有）那些不是自身的合取支 *145*
的 "真" 的合取联结起来。

然后悖论产生了。因为如果 T 包含 T 作为一个合取支，那么它不包含它自身。如果 T 不包含 T 作为一个合取支，那么它包含它自身。

当然，这里的解决方法是认为，尽管被公然描述为合取，但这个特殊种类的合取完全不存在。T 和其他东西都不满足要求。这就是说，T 是对这里假定的讨论对象的不合法或不适当的伪描述。换句话说，事实上，假定的 "真的合取" 根本没有资格以这种方式被描述。没有且不可能有这样一种合取，所以它是否包含的问题根本不会产生。

8.4　不合法的总体悖论

各种悖论表明，被称作 "X 的 X" 这种形式的表达式是否定总体不适当性的来源。某类对象可以通过包含自身而被看作是自我包含的。比如：

集合的集合

清单的清单

图画的图画

合取的合取

文本的文本

赞美者的赞美者

理发师的理发师

所有这种自我包含的对象类型在下面的意义上都是同质的：X 的 X 本身就 *146*
是一个 X（集合的集合是集合，清单的清单是清单，等等）。

有了这种自我包含的观点，我们现在设计一个自我不包含的 X 的 X
总体：

所有那些不在 X 方面包含自身的 X（所有不把自身包含在集合中的集合构成的集合）。

显然，这种排除自身的总体总是悖论性的。因此考虑所有不包含

（集合上的包括）自身的包含者（集合）构成的包含者（集合），所有不把自身列在清单上的清单构成的清单，所有不描绘自身的图画构成的图画，等等。这里的理念是"那个 x，使得任给 y，x 包含 y 当且仅当 y 不包含自身"。使用通常的符号，我们所能看到的是下面的整体化对象：

$$(\iota x) \; \forall y(x \; enc \; y \; \text{iff} \sim y \; enc \; y)$$

如果（但只是如果！）这样一个对象存在——我们继续称其为 X——那么我们就有：

$$\forall y(X \; enc \; y \; \text{iff} \sim y \; enc \; y)$$

但是描述 X 的方法是把 X 自身假设为我们的变项 x、y 等的论域中的对象。所以，我们可以把前面对 X 的概括具体化，从而得到：

$$X \; enc \; X \; \text{iff} \sim X \; enc \; X$$

现在悖论在接近我们。但是同样我们也接近了它的解决方案。因为这个矛盾自身直接否定了我们先前的假设：这个最初的整体确实（或能够）存在。

　　因此这个问题是直截了当的。我们面临这样的问题：这个整体的对象 X 是否包含它自己的 X 方面？这个集合的集合包含自身吗？清单的清单包*147* 含自身吗？图画的图画包含自身吗？等等。悖论直接出现了，因为根据其定义，那个排除自身的 X 的整体，本身就是一个既不能包括也不能不包含自身的 X。当然，问题是这样的否定总体 X 确实或能够存在这个预设是假的。这个对象被当作这类问题（一个集合，一个清单，等等）的一个例子，但是它根本不存在：这样**称呼**它并不意味着它就是这样。一个实质性问题是无法用术语轻松解决的。（下一章，我们会讨论对一个非常普遍的要求的破坏，即成功识别原则（SIP）。）

　　根据这种表达识别的方式，前面的困难都与这些对象的错误识别有关：它们企图成为一个它不能属于的类型。在这一系列例子中，我们有不适当预设的悖论，它们根据实际上不会也不能成功的描述，而错误地认为某些东西是**适当识别的**。任何推理或论证的主体都（明确地或默认地）假设其命题是有意义的，并因此其相关指称词项可以指称成功。当词项的解释建立在不适当总体的自我包含之上时，这个重要的预设就失败了，并且悖论被解决了。如果对不合法整体的指控是成立的，那么它就是高度能行的预设破坏者。

8.5 伊曼努尔·康德的二律背反

不适当的总体是我们一直考虑的普遍观念，它在伊曼努尔·康德的哲学中起到重要作用——尽管他以正面的方式而非负面的方式来处理这个问题。正如他所认为的，《纯粹理性批判》中四个经典的"二律背反"示例了前面的情况。这些康德的二律背反如下所示：

> Ⅰ．**物理存在的总体**（＝作为整体的世界或宇宙）
> - 在时间和空间的物理多样性上是有限的。
> - 在时间和空间的物理多样性上是无限的。
>
> Ⅱ．**自然的终极简体**（＝物理实体的绝对原子的、完全不可分 *148*
> 解的构成物）
> - 是所有物理实体中普遍存在的。
> - 在物理实体之外（即，并不如此存在）。
>
> Ⅲ．**自然出现的总体**（＝物理领域中事件的集合）
> - 是由物理规律必然决定的。
> - 是不被物理规律决定的。
>
> Ⅳ．**绝对必然的、自我生成的存在**（＝一种存在,它自己包含自
> 身原因的总体）
> - 是物理上或因果上在自然世界中起作用的。
> - 是物理上或因果上在自然世界之外的。

在每一种情况下，我们所能讨论的都是非凡的、在某种意义上总体的（即终极的或绝对的）考虑对象。对此，某些影响深远的、物理上的因果传递特征既被完全肯定又在范畴上被否定。（从结构上说）一直讨论的都是某些假定的对象（*A*）既有又没有某种物理性特征（*F*）。因此，这里要讨论冲突的谓述："*A* 是 *F*"以及"*A* 不是 *F*"。所以，康德坚持认为两

者都可以建构起同样好的论证，因此，正论题和反论题都可以被证明是可信的。[9]

基于此，康德认为其二律背反是按照如下的一般结构导致悖论的：

（1）对象 A（比如，作为整体的物理存在）是合法的谓述对象。[假设。]

（2）有令人信服的理由认为对象 A（比如，物理存在）是 F（比如，有限的）。

149

[这是一个实质性事实，它基于康德详细表述了的论证。]

（3）有令人信服的理由认为对象 A（比如，物理存在）不是 F（比如，无限的）。

[这也是一个实质性事实，它根源于所表达的论证。]

（4）（2）和（3）是逻辑上不相容的，如果（并且每当）A 作为合理的谓述对象而存在。[逻辑事实。]

（5）因此，根据（2）和（3），对象 A 并不存在，因为没有合理的谓述对象可以有不相容的谓词，这是逻辑事实。

（6）（5）与（1）相矛盾。

正如康德所认为的，打破这个矛盾链条的自然位置在论题（1），（所以他认为）它是二律背反的薄弱点。对他来说，可以得到的适当教训是只有**可识别的细节**才能作为物理性谓述的适当对象而存在。而**抽象总体**在这方面是很有问题的。

康德的这四个二律背反产生自一系列相关问题，它们有相同的模式：

A 的终极单元相对于 B 来说是有限的还是无限的？

这四种情况如下：

A	B
（1）物理存在	时空分布
（2）物理可分割性	物理出现
（3）自然出现	合法决定
（4）存在的自足性	自然中的因果参与

所有这些问题都有共同的假设：与 A 有争议的终极对象，在物理性谓述的　*150*
意义上是合法存在的对象——而这是康德在经验上否定的东西。

　　因此康德论证说，在任一种情况下，对二律背反的解决都在于修改一
个错误的预设：这里讨论的终极 A 单元是真实的（物理的）存在者，它
能够成为如下（物理性）谓词的恰当载体，比如，时空范围、物理存在、
合法决定，或者因果效用。这种终极存在是引导思考与讨论过程的交际工
具，但并不是可以谓述其物理特征的自然存在的对象。（这就是为什么二
律背反中的第二个，即否定方面总是更接近目标。）库萨的尼古拉认为某
些总体超越了人类的理解，因为在其假设的描述中，不能把它们定义为可
以被这类谓词表述的对象。而康德的观点与此不同。

　　康德这里的观点确实值得讨论。比如，人们可以争辩说是（2）-（3）
中那些假设的"令人信服的理由"构成了这个论证的阿喀琉斯之踵，而
非论题（1）。或者人们可以根据含混性试着解决这个矛盾，（比如）论证
说"物理世界在时空上是有限的"的**意义**不同于"它不是如此有限的"
的**意义**。

　　同样，康德拒绝某些不能用特定指称词项来描述的总体，这个理念并
非完全不可信。没有对一幅画的临摹可以表现其**所有**细节。没有一个理
论或思想能包含它所从属的整个现实。对这样一个对象的假设的推测，设
想了一个不能在认知上实现的总体——接受它将与我们所知的人类知识
的本质相冲突。正如康德所认为的，古典形而上学主张的天象论的（总
体的）界限，对我们人类来说是完全无法企及的。我们只能在物理世界
之**内**并因此从一个特殊的（尤其是人类的）视角进行操作。我们没有我
们的思想域以外的、外在认知的阿基米德支点来撬动作为整体的整个思
想域。

　　而康德的这个观点与内部和外部之间的关系有关。我们人类处于自然
之**中**，根据这个事实，我们能获得的**关于**自然的信息是很有限的。我们所
有基于观察的判断都是局部的，因而是不完全的。就实际知识而言，绝对　*151*
总体是在界限之外的——不管它是实际经验（自身）的总体还是其对象
（世界）的总体或者是其基本原理（终极目的或上帝）的总体。[10] 对于实
际知识的评价来说，这些理念代表了有用的思维诡计，但它们自身并没

有——不可能——构成实际的知识对象。对于康德来说，它们根本不是**实体**，而只是实践的材料，思想工具的用处只是对比我们实际拥有的与我们理念上希望有的。对于他来说，那些不恰当的总体对象完全不能构成知识的对象。悖论由此产生，因为这里的存在预设没有被满足。

8.6 预言悖论

我可以很自信地做出不确定的预言：我的一些充分考虑的预言是假的，但是却不能明确地——无悖论地——预言是**哪**一个。但是，我会很好地（且无悖论地）预言**你的**预言将会是假的——甚至可以明确地确定它们。

关于未来的不适当的推定是悖论的沃土。其中之一与预言的可能性有关。一个预言机——叫它皮提亚——可以预言**一切**吗？它可以完美到为人们认真询问的**每一个**预言问题提供一个可行的答案吗？显然不能。一方面，存在一些本质上具有悖论性的问题："在你回答问你的问题时，什么是你绝不会处理的预言问题？"皮提亚自己在这个问题上必须保持沉默——或者承认自己是不完美的，并且诚实地说"不知道"。但是这个问题自身确实不是没有意义的，因为原则上我们自己或一些其他的预言家可以正确地回答这个问题。

另外，我们可以把我们假设的完美预言家绑到炸弹上，如果它下一个回答为"是"，那么它就会被炸成碎片。现在我们问它："给出下一个答案之后，你会继续活跃并起作用吗？"如果它回答"是"，它就会被炸成碎片，因此它的答案是假的。如果它回答"否"，那么它就会（据推测）继续起作用，因此它的答案是假的。[11]

当然，说预言问题是不可解的，并不是说预言家不能回答。我们确实可以设定一个预言机用"是"来回答每一个**是-否**问题，用"乔治·华盛顿"来回答每一个**名字**问题，用"十分钟后"回答每一个"时间"问题，等等。如果它就是我们想要的答案，那么我们就可以设计出能帮助我们的预言家。当然，问题是要有一个预言家，它的预言**可能性很大，**或者（在假设的完美预言家情况中，在事先可信的基础上）是**正确的**。

152

具体来说，在预言家不能完美预言的问题中，有一个是关于它自身的预言行为的。预言领域与其他领域一样，悖论可以通过自指问题生成。考虑这个问题："你将否定性地回答这个问题，这个预言是真的吗？"接下来的情况如下：

给出的答案是：	这个答案意味着这个预言是：	这意味着这个答案是：
是	正确的	假的
否	不正确的	真的

在任一情况下，给定的答案都无法与事实相符合。

类似地，考虑这个问题："你会不确定地回答这个问题——就是**这个**问题——吗？即，用'不能说'（而不是'是'或'否'）来回答。"这里我们遇到了下面的情况：

给出的答案是：	其真值状态自动为：	所以预言家：
是	假的	失败（根据假）
否	假的	失败（根据假）
不能说	不重要的	失败（根据不确定性）

不可避免的是，我们的预言家在这里也不能充分发挥作用。

或者再考虑一个不同的例子。

预言家从非 C 状态开始。如果它给出一个否定答案，那么按照程序转换到状态 C。在时间 t 之前的某个时刻（只需要足够的时间在 t 之前提出最后一个问题）我们问："你在时间 t 时是在状态 C 吗？"

给出的答案是：	其真值状态自动为：	所以预言家：
是	假的	失败（根据假）
否	假的	失败（根据假）
不能说	不重要的	失败（根据不确定性）

在任一情况下，这里的预言家都不能为这些问题提供正确的答案——尽管原则上我们自己可以这样做。

154　简言之，没有预言家可以完美地实现其自身的功能，特别地，没有谁能预言自己所有的预测。[12] 人们最可能要求的也许是**预言家正确地预测所有原则上它们能预测的东西**。但即使这里也有问题。可能其中最明显的就是，对于预言家来说，在真正的预测中确定什么是"原则上可能的"。因为为了决定什么是理论上或原则上可预测的——以及什么不是可预测的——我们需要参照自然科学的解释。因为自然科学告诉我们某类预言在原则上是不可行的——比如，下面问题中讨论的这种非因果的量子过程的结果："精确地说出半衰期 283 年的超铀元素什么时候会衰变？""精确地说出两分钟之后这个粒子的精确位置和动量是什么？"这里需要的是确定**什么是事实上可预言的**——而不只是当今科学（**可能错误地**）**认为可以预言的**。这个问题令人满意的解决只能由完美的或完整的科学来实现，而这是我们现在没有的并且即使（**实际上不可能**）我们在某个时刻得到了它也不能确定。

从对疑难有利的观点看，那些预言的悖论产生自有问题的提问，它们不适当地假设它们自己有可存活的答案。[13]

8.7　小结

通过分析这些不适当预设的悖论，我们所能得到的全部教训是：通常可以从相反的观点来处理它们。即也可以把它们解释为归谬论证，证明那个不适当预设自身是不可行的。[14]

155　当然，认出这个不适当预设是很容易的。一般来说，困难在于接下来的诊断任务——找出是什么使这个有问题的论题成为不可行的。确定一个降为不适当性的理由通常是悖论分析中最具挑战性的部分。

注释

[1] M. C. Escher, *The Graphic Work of M. C. Escher*（New York：Dull, Sloan, and Pearce, 1961）, p. 47. 斯坦伯格也有同主题的画，*The Passport*

（New York：Harper，1954）。

［2］Patrick Hughes and George Brecht，*Vicious Circles and Infinity*（Garden City：Doubleday，1975）.

［3］关于这个悖论，参看 Diogenes Laertius，*Lives of Philosophers*，II，35。现代人把这里的指称从父亲改为妻子，但是政治正确性要求修改回最初的模式。美国哲学协会的"语言的无性别歧视使用指导"（http：//apa. udel. edu/apa/publications/texts/nonsexist/html）特别提到打妻子这个谜题是把性别的老套路引入哲学论述的一个例子。［这个索引要感谢凯伦·阿诺德（Karen Arnold）。］

［4］参看前面 p. 12 的讨论。对于欧布里德，参看上面的 pp. 102－104。

［5］所有问题都包含某些预设——即使是可以回答的极简问题。关于这些问题认识论的讨论，请参看拙作 *Empirical Inquiry*（Totowa：Rowman and Littlefield，1982）。

［6］参看 Aristotle，*Soph. Elen.*，176a19－38。

［7］参看 Aristotle，*Soph. Elen.*，173a19－25 and 174b12－19。

［8］关于这个悖论，参看 Russell 1918 and T. S. Champlin，*Reflexive Paradoxes*（London：Routledge，1988），esp. pp. 172－174。也称作**塞维利亚的理发师悖论**，它是集合论中的罗素悖论的非形式变体（对此，请参看后文 pp. 170－173）。

［9］关于康德的二律背反，参看 N. Hinske，"Kants Begriff der Antinonie und die Etappen seiner Ausarbeitungen,"*Kant-Studien*，vol. 56（1965），pp. 485－496，以及对《纯粹理性批判》的一些注解。

［10］对这些理念的讨论，请参看康德的《纯粹理性批判》A680－B708 = A689－B717。

［11］这个例子来自 John L. Casti，*Searching for Certainty*（New York：Morris，1900）。

［12］波普尔在其他地方强有力地论证过这个观点。参看他的 *The Poverty of Historicism*（London：Routledge，1957），p. vi。也可参看 Peter Urbach，"Is Any of Popper's Arguments Against Historicism Valid?"*British Journal for the Philosophy of Science*，29（1978），117－130（参看 pp. 127－

128）。但是，波普尔的论证是有问题的。因为它依赖于著名的哥德尔不完全性定理以达到这样的结果：没有推理者能够根据数学原则决定某个特定句子 G 是不是算术定律。现在波普尔建议向假设的预言家问这样一个问题："如果在 t 时刻问你'G 是定理吗?'（并且我们为了得到答案一直等到 t 时刻），你会在 t 之前回答'是'或'否'吗?"［也可参看 Popper's "Indeterminism in Classical Physics and in Quantum Physics,"*British Journal for the Philosophy of Science*，vol. 1（1950），117－133 and 173－195（参看 p. 183）。］这个特例的问题在于所讨论的时间具有欺骗性。预言家不能回答给定的问题——不同于"不能说"——是因为它不能回答与这个问题相对应的、去掉时间的问题"如果问'G 是定理吗?'你会回答'是'还是'否'?"，而假定了似是而非的时间之后，这里讨论的问题就不是真正可预言的。不能回答这个问题可能会使这个预言家在**认知上**是不完美的，但它不是**预言上**不完美的。

［13］关于这些问题，参看拙作 *Predicting the Future*（Albany：State University of New York Press，1998）。

［14］关于反证法论证的更多内容，请参看下面第十二章。

第九章
考虑的悖论

第九章 数学悖论

9.1 康托尔悖论和有效识别要求 (VIR)①

数学是纯理论的事业。因此，如果这里有东西出了错，那就是基础上 *159* 出了错。数学中的不一致必须认真对待。

在 20 世纪的数学哲学中，悖论扮演了很重要的角色。实际上，所有这些数学悖论都是无保证预设的悖论，既然如此，本章可以看作对前面章节的补充。简言之，数学悖论与其他悖论有共同的形式，它们都把某些实际上没有意义的并且/或者不是真的东西预设为有意义的并且/或者是真的。

关于无穷的数学是生成悖论的沃土，因为它会导致一些从有穷的观点看很奇怪的结论。劳伦斯·斯特恩（Laurence Sterne）笔下的杉迪花了两年时间来记录他生命中的头两天，他哀怨地说按照这个速度他永远都无法

---

① 作者在原书目录中用的是"Viable Introduction Requirement"，但对应的正文标题中却是"Valid Introduction Requirement"，结合原文，目录中的用词疑似作者笔误，故把那里的"Viable"理解为"Valid"来翻译。另外，作者只在此处正文标题中使用了"Valid Introduction Requirement"，其他地方使用的都是"Valid Identification Requirement"，两者缩写都是 VIR。结合原文其他地方的表述，这可能是作者笔误，故将此处"Valid Introduction Requirement"理解为"Valid Identification Requirement"，并翻译为"有效识别要求"。类似地，下一节目录中的"Successful Identification Principle"，对应的正文标题却是"Successful Introduction Principle"，两者缩写都是 SIP，这也可能是作者笔误。结合原文的论述，译者将其理解为后者，并翻译为"成功引入原则"。综上，关于"Identification"与"Introduction"的混用，在此一并说明。——译者注

完成这个工作。然而，一个自我延续的整体按照同样的速度工作是可以写完自己的整个历史的。每一天的活动都不会被忽略——即使这项工作会被严重拖延。无穷的资源可以使奇怪的事态发生。

所谓的"无穷悖论"产生自这个错误的预设：关于有穷数量的推理的基本规律可以完整地应用到无穷的情况。无穷集合的部分可以与这个集合自身一样大，这看上去有点像悖论，尽管实际上并非如此。（比如，）偶数和整数一样多，因为每一个整数都能按照如下方式与其双倍数一一对应：

160

1，2，3，4，5，…
｜　｜　｜　｜　｜
2，4，6，8，10，…

这导致了更独特的**希尔伯特旅馆悖论**。对于一个通常的（有穷）旅馆来说，一旦房间满了，就不会有更多旅客能被安排住宿。而对于希尔伯特旅馆来说，并非如此。它有整数那么多无穷个房间：

1，2，3，4，5，…

即使房间满员——第 i 号房间对应第 i 个客人，$i = 1$，2，3，…——也能安排更多的旅客住进来。当 A 和 B 两位先生办理入住的时候，经理只需要指示前台改变一下房间安排就可以："让 A 住 1 号房间，B 住 2 号房间，然后让 1 号客人换到 3 号房间，2 号客人换到 4 号房间，等等。"尽管满员，希尔伯特旅馆总是能住进更多旅客。即使有无穷多新旅客也能通过下面的方式得到安排：任给 i，"我们只需要让第 i 个旅客搬到第 $2i$ 号房间"。这确实为我们打开了很多房间。只要我们没有错误地预设通常在有穷数量上成立的算术基本规律（比如 $N + 1 > N$）在无穷数量上也同样成立[1]，这里就不会有真正的悖论——没有实际的不一致。

"一个无穷集合——比如，所有整数的集合——是如何可能的呢？如果这个集合必须是**完全的**（包含所有整数）但同时又代表一个永远无法完成的集合（因为不管它包含了多少整数，还会有更多的整数）。"但这个反驳基于一个错误的理念：一个集合需要由其内容的某种顺序列表来刻画，但又不能承认一个（其实只能由有穷集合来实现的）完全的列表。

161

实际上，集合完全可以由元素的条件来刻画。

在分析数学悖论的时候，我们也可以通过确定 R/A-选项，按照通常的方法构造出可能的解决方案。康托尔集合论悖论提供了一个很好的起点。格奥尔格·康托尔（Georg Cantor，1845—1918）是德国数学家、集合论的奠基人，他证明了一个重要定律：任给一个集合，其所有子集的集合——所谓的**幂集**——的基数（数学尺寸）比这个原始集合的基数要大。这意味着没有最大集合，因此也没有所有集合的集合，因为这个假设的总体马上会产生一个更大的集合。

幂集使所有集合的集合（用符号表示 $\{x : x$ 是集合$\}$）这个理念产生了疑难。因为这个集合直接导致**康托尔悖论**，本质上其推理如下：

（1）任给一个谓词 F，存在所有具有 F 的对象的集合——用符号表示为：$\{x : Fx\}$，或者更完整的：$(\iota y)\ \forall z(Fz \equiv z \in y)$。

（2）"＿＿是集合"刻画了一个谓词。

（3）因此（根据（1）和（2））所有集合的集合存在。

（4）（根据康托尔定律）可以证明：任何集合都能生成一个比自己基数更大的集合（即它的幂集——其所有子集的集合）。

（5）因此（根据（3）和（4））**所有**集合的集合的幂集的基数一定比这个集合自身的基数大，因为它包含其所有子集。

（6）但是比**所有**集合的集合基数更大的集合显然是不可能的。

（7）因此（根据（6））所有集合的集合不能存在。

（8）（7）与（3）矛盾。

这里我们有一个由论题 $\{$（1），（2），（4），（6）$\}$ 构成的疑难簇。现在（2）是牢不可变的：抛弃它就会抛弃集合论。（4）和（6）是可证实的数学事实，因而也是确定的。剩下的唯一选项是抛弃（1），因此要接受为谓词（F）设置一些恰当的限制，而这个谓词能够生成符合定义"所有有 F 的对象的集合"的集合。

从这个观点看，我们认识到康托尔悖论是一个无保证预设的悖论。因为论题（1）的谓述是基于下面（很有问题）的理念：有意义的谓述自身足以自动决定一个良形的集合而不会有其他麻烦——谓词可以定义一个集合，不需要**其他**条件。

这里，顺带考察一下限定摹状词是至关重要的。把一个假设的对象描述为"条件 Cx 满足的那个 x"——符号表示为（ιx）Cx——会使两类事物出错。可以有定义失败，也可以有识别失败。一旦我们没有了**唯一性**，即一旦下面这种情况不成立：

$$\exists y\big[\,Cy\ \&\ \forall z(Cz\rightarrow z=y)\,\big]$$

就会出现定义失败。这意味着只有当 C 明确应用于一个单一存在对象的时候，（ιx）Cx 才有定义。

基于此，在有且只有一个 x 使得 Cx 成立的情况下，（ιx）Cx 才是有意义的，因此这在下面情况下依旧是没有定义的：

（i）条件 C 没有例证并且不能应用于任何事物（Cx 总是假的）。

（ii）条件 C 有多个例证并且应用于多个不同对象（Cx 对于 x 的很多值都是真的）。

一旦满足这些默认条件之一，那么（ιx）Cx 就不能被定义了，事实上它是不存在的：根本没有这样的事物存在。

而这进一步表明如 $F[(\iota x)\,Cx]$ 这种形式的属性陈述将会是：

- **真的**，如果只有一个对象满足 C 并且这个对象有特征 F。
- **假的**，如果只有一个对象满足条件 C 并且这个对象没有特征 F。
- **无意义的**，否则——即，如果不只是恰好有一个对象满足条件 C，那么（ιx）Cx 是没有定义的。（当然，这里讨论的是语义意义上的"无意义"，其特征是缺失确定的真值状态。）

因此，我们得到所谓的有效识别要求（VIR）：

通过"满足条件 C 的 x"这个形式的识别性描述，可以适当引入某些事物来进行讨论，为此，必须独立地提前确定这个描述的唯一对象是可以得到的。

比如，在集合论中幂集定理表明"包含所有集合的集合"这个例子是不可行的。因为包含所有集合是一个无法实现的集合。由此，"所有集合的集合"不是一个有意义的对象。它只是一个名义上的集合，它被**称作**一个集合，但实际上并没有资格成为集合，因为它并不——不能——允许有意义的识别。正是"所有集合的集合"不是理智上可识别的——只是一个伪对象——这个事实消解了它是不是其自身的对象这个问题所产生的困惑。

因此，考虑"有性质 F 的所有对象的集合"的定义：

$$\{x : Fx\} = (\iota y) \, \forall x (x \in y \leftrightarrow Fx)$$

对于这种形式的一个有希望的集合描述来说，要想产生一个定义明确的集合，我们必须提前确定所讨论的假设对象的唯一确定性。

这方面，我们在失败的例子中所拥有的是**指称**奇点，它与算术奇点很像，后者来自我们试图除以 0。在前一种情况下，命题形式 $F(\iota x) \, Cx$ 没有被定义。而在后一种情况下，算术函数 $f(y) = 1/y$ 没有被定义。当 $y = 0$ 的时候，这个函数有算术奇点；当 $y = (\iota x) \, Cx$ 的时候（如果 C 是不恰当的），Fy 有指称奇点。基于此，"所有集合的集合"是一个没有被定义的对象，正如 1/0 是没有定义的量。

当我们除以 0 并把 x/0 当作定义明确的量来处理的时候，我们就落入了悖论之中。因此，既然 $2 * 0 = 0$ 并且 $3 * 0 = 0$，那么我们就有 $2 = 0/0$，$3 = 0/0$，所以 $2 = 3$！因此我们就落入了悖论性论证，就像德·摩根关于 $1 = 2$ 的滑稽论证所展示的一样：令 $x = 1$。所以 $x^2 = 1$。所以 $x^2 - 1 = x - 1$。两边同时除以 $x - 1$，我们得到 $x + 1 = 1$。但是既然 $x = 1$，这就意味着 $2 = 1$。当然，**德·摩根悖论**错误的根源在于除以 $x - 1$，即除以 0。

当我们处理不适当的例子的时候也会出现同样的情况，就好像在我们不能主张 $(\iota x) \, Cx$ 的时候却把它当作定义明确的对象来讨论一样。

9.2　成功引入原则（SIP）

除了有效识别要求（VIR）中所讨论的**识别**失败之外，还有**引入**失败。即，如果 $(\iota x) \, Cx$ 被用作**引入**对象——作为这个讨论阶段上被引入或初始

164

化的对象——那么 C 一定不能是指称 $(\iota x)\,Cx$ 自身的——$(\iota x)\,Cx$ 应该出现在 C 的形式化之中。比如，令 C 是这样的条件：Cx 当且仅当 $x =(\iota y)\,Cy$。当然，这里无法确保这个条件应用于唯一个体——或者**任意**个体——除非我们确定了 $(\iota x)\,Cx$ 的同一性——除非我们**已经**实现了我们正在尝试做的事情。不只是循环**解释**和循环**定义**，而且是循环**引入**都是本质上无效的。

因此，前面的有效识别要求（VIR）的推理后承是：**一个对象的识别条件一定不能包含对这个对象自身的——明确的或潜在的——指称**。或许

可以称之为**成功引入原则**（SIP）。基本理念是经典的"循环论证"谬误不仅要在论证中避免[2]，而且要在识别中避免。[3]

现在看一下康托尔假设的"所有集合的集合"。它不仅违背了有效识别要求（VIR），因为没有所有集合的总体集合，而且违背了成功引入原则（SIP），因为这里起作用的描述 $(\iota x)\,Cx$ 中的条件 C——成为一个包括 $(\iota x)\,Cx$ 自身在内的包含全部的集合——中出现了 SIP 禁止的对 $(\iota x)\,Cx$ 的指称。这个总体集合错误地预设了这个集合**已经**存在了。

SIP 的基本原理本质上可以表示如下：

如果一个对象被有意义地引入讨论过程，那么它的引入描述决不能假设这个对象**已经**存在了。即如果通过一个定义描述把某些事物**引入**讨论，而且这个描述采取的识别形式是"Cx 拥有的（唯一）对象"，那么这个识别描述 C 一定不能指称或量化这个对象自身——不管多么间接。换句话说，禁止识别性的自指：如果根据定义，X 就是 $(\iota x)\,Cx$，那么对 X 的提及不能出现在 C 之中。（注意我们这里所拥有的是一个适当的解释过程，它为最终讨论的有意义性设定了条件。）

识别必须回答我们的问题：要讨论的是什么。一个识别不能以一种循环的方式来处理，即不能假设我们已经知道答案了。他是"他妻子的丈夫"这样的空描述无助于确定某个人。[4]

破坏有效识别要求（VIR）导致**指称失败**，而破坏成功引入原则（SIP）会导致**描述失败**。在前一种用法中，这种事物不存在，而在后一种用法中，无法实现适当的识别引入——与任何有关存在的问题无关。在

任何一种情况中我们都不能"知道我们在谈论什么"。如果破坏这些原则，那么我们所拥有的就不是**推理**缺陷（逻辑错误），而是**指称**缺陷（语义错误）。空指称恰好就是那样——字面上可确定的讨论对象的缺失。同样，考虑这个命题："（邻近）方框中的陈述是复合句。"现在这个方框中恰好没有陈述！——并且没有什么被这个陈述所断定。

我们说"它"是假的与说"它"是真的有同样多的理由，因为**它**根本不存在。这个假设的识别表达式"方框中的陈述"是空的，而且关于"它"的陈述（它是真的或假的或复合句）是字面上没有意义的。

成功引入原则（SIP）挥动着一把有力的斧头砍掉各种各样的悖论。这个原则背后的基本理念在奥卡姆（William of Occam，1285—1347）的一篇文章中已经出现过了。它规定，在《要义》中讨论（disputatio）的开始阶段，人们必须遵循的规则是："numquam pars potest significare totum"（"［一个表达式的］部分永远不能表示整体"）。这个原则由下面这个陈述说明："每个陈述都是真的"（Omnis propositio est vera），其部分表达式（"每一个陈述"）把它自身——所讨论的整个陈述——带入它自己的指称域中。然后，奥卡姆把这个原则应用于解决下面句子所导致的悖论： 167

    （A）A 是假的。

这里必须拒绝对 A 的描述（institutio non est admittenda），因为 A 的诉诸自我的描述破坏了这里讨论的原则：所有这些意味着"显著的假"是不合法的描述（《要义》）。因为"A 代表'A 是假的'"这个理念直接导致悖论（诡辩）：A 是真的如果它是假的，A 是假的如果它是真的。[5]奥卡姆的这个分析，是 13 世纪逻辑的精妙独创贡献的另一个例子。它关注词项的引入而不是事物的存在，这使得我们中世纪作者的方法领先于 20 世纪早期对同类理念的处理（比如，将要简单讨论的罗素的恶性循环原则）。[6]

应该看到，并非破坏 VIR 和 SIP 的基本规则就能导致悖论。（这仅仅是对它们本质的事后追溯。）它们的证成依赖于根本上对必要条件的优先考虑，而在这些条件下诸如识别和引入等程序可以令人信服地实现其预定的工作。这里讨论的是理性程序的基本原则，而不只是消除悖论的特设性假设工具。

9.3　伪对象

168　　伪对象破坏了正在考虑的这些原则，为了弄清楚这些伪对象是如何导致悖论的，让我们详细考虑一下包含所有"真"的超级真这个理念。[7] 这样一个超级真是一个真 S，使得 $\forall p[Tp \rightarrow (S \vdash p)]$。所以这里的问题就归结为下面这个论题的可行性：

$$(1)\ \exists q[q\ \&\ \forall p[p \rightarrow (q \vdash p)]]$$

接受超级真这个理念蕴涵着我们应该通过下面的定义来解决这个问题：

$$(2)\ T = (\iota q)[q\ \&\ \forall p[p \rightarrow (q \vdash p)]]$$

为了使这个定义满足 VIR，我们需要确定存在性和唯一性。这里唯一性没有问题。它表明满足这个条件的任何两个命题 q' 和 q'' 是相关同一的（即，逻辑等价的）。但是使（2）满足 VIR 要求的存在主张又返回到了这个问题本身。即，如果**已经**对（1）的可行性问题有了肯定回答，那么（2）只能完成其所意图的任务。

另外，关于（2），我们又陷入到与 SIP 有关的问题中。注意，（2）中紧跟（ιq）的公式里包含一个与命题有关的全称量词，即 $\forall p$。所以 T 自身在这里必须能成为相关变项的一个值。这意味着 SIP 也被破坏了。

因此，由于其不合法的自我包含的本质，我们正在处理的原则排除了超级真的理念。但是，这种禁令一定能避免悖论吗？或者那些原则能使我们排除某些实际上没有问题的东西吗？

超级真这个理念的悖论性特征产生自这个疑难：

（1）超级真蕴涵所有的真。

对于每一个真，都有另一个主导它的真，即蕴涵它但它不蕴涵的真。下面两个例子说明了这个事实——每一个例子中所讨论的命题都主导着 t：

- t 是真的，没有人能完全认识其全部蕴涵。
- t 是真的，对此人们可能不会意识到。　　　　　　　　*169*
- t 是真的，有人可能会否认其后承。

（1）既然如此，对这个假设的超级真 S 也有一个主导它的真。

（2）但是如果一个真被另一个真主导，它就不能蕴涵**所有**的真。

（3）（2）与（1）矛盾。

超级真悖论的最好解决方案是把它看作超级真 S 这个理念的一个归谬论证。S 破坏了有意义这个要求，而这个事实既认可又禁止了这种拒绝。

值得注意的是，成功识别原则（SIP）应用于所有对象而不只是物体或命题。比如，论证也会进入其视野。因此，考虑这个论证：

（I）论证（I）是有效的。

因此，论证（I）是可靠的。

回忆一下，一个有效论证的前提蕴涵其结论，而一个可靠论证是前提为真的有效论证。但是，现在考虑一下下面的**有效论证悖论**：

（1）一个有效论证的结论所主张的信息，不能比其前提提供的信息更多。

（2）根据论题（1），（I）不是有效论证。

（3）（I）是有效论证，因为无法使其前提真而结论假（这是论证有效性的定义）。

（4）（3）与（2）相矛盾。

这里，悖论的解决在于注意到这个论证没有区别假设的（或有条件 *170* 的）真与范畴的真。另外——这是目前的关键点——（1）的显著缺点在于它公然破坏了成功识别原则（SIP）。

9.4　罗素悖论

20 世纪逻辑与数学中，最著名的一个悖论是**罗素悖论**，它基于"所有不包含自身的集合的集合"这个理念，用符号表示为 $\{x : x \notin x\}$。（这里∈是集合的属于关系，∉是其否定。）因此我们设想一个特定集合 R，假设它通过下面的属于关系描述来定义：

> 根据（R 的）定义：R 是所有不包含自身的集合的集合，所以 $S \in R$ iff $S \notin S$。

这个描述被认为是（在属于关系的特殊语境中）提供了 R 的一个语境定义。当我们问 R 是否包含自身的时候就产生了困惑。因为如果 $R \in R$，那么根据 R 的定义，我们有 $R \notin R$。如果 $R \notin R$，那么根据 R 的定义，我们有 $R \in R$。因此不管怎么样都会有矛盾。

给定这些考虑，我们面临着下面的疑难情况：

（1）R 由前面的描述定义，它是定义良好的集合——即任何存在的对象或者是它的元素或者不是其元素。

（2）$R \in R \rightarrow R \notin R$ 根据 R 的定义

（3）$R \notin R$ （2），根据标准逻辑

（4）$R \notin R \rightarrow R \in R$ 根据 R 的定义

（5）$R \in R$ （4），根据标准逻辑

（6）（3）与（5）矛盾

在某种意义上，这个悖论可以直接解决。因为整个论证过程都围绕（1）进行，所以避免不一致的唯一出路是拒绝它。

当我们问"集合 R 包含它自身吗？"这样的问题时，我们预设了集合 R 存在。但是罗素悖论的论证实际上表明并非如此——对问题的这个本质预设是不能满足的。除了认为罗素的集合 R 完全不是一个定义良好的集合外，别无选择。唯一真实的问题是**为什么**会这样——R 的貌似直接的定义是如何出错、如何不合法的。但问题不是 R 死了，而是它的尸检结果，即为什么 R 不能经受住对有意义性的适当审查？

罗素集合 R 的困难在于它是通过下面这个形式的定义被**引入**讨论的：

• 包含某种类型（即不自我包含的集合）的全部集合的集合。

在集合的论域中，我们能令人信服地使用这个公式来**描述**一个给定的集合，如果它确实存在并且满足这个摹状词。但是 SIP 要求意味着我们不

能在此基础上引入它。为了使这个引入是恰当的，我们需要提前建立这样一个（唯一的）集合 x 的存在：

$$\forall y(y \in x \text{ iff } y \notin y)$$

罗素悖论的论证表明这样的集合是不存在的。事实是罗素集合是一个不恰当的假设（或者是一个识别错误），因为在讨论的某个阶段上，通过定义描述引入它是不恰当的，确切地说，因为这样的集合是不存在的。

值得注意的是，从形式的观点看，罗素的集合悖论中的集合包含所有且只有不包含自身的集合，这与理发师悖论非常相似，这个理发师给所有且只有不给自己刮脸的人刮脸。两个悖论都依赖完全相同的错误预设：它们的关键对象是存在的。

罗素早期采取的方法完全不同于这里采取的方法。他借用了法国数学 *172* 家庞加莱（Henri Poincaré）在 1906 年阐述的一个原则，罗素像他一样把这个原则刻画为

恶性循环原则（VCP）：任何集合（整体或总体）都不能包含根据它自身定义的元素。具体来说，任何现有的集合都不能成为其自身的构成部分。[8]

如它所述，这个原则显然是对实际总体在**构成**上的一个限制——而且是非常强的限制。对罗素而言，说这个"集合""没有总体"就是说它并不作为集合而存在。我们这里所拥有的是对这类可以存在的集合的限制——关于如何有效地建构真正的集合的限制。

相反，现在的方法以 SIP 原则为中心。它认为某些东西只有被适当识别了才能成为有意义的讨论的主题。因为当我们不知道在谈论什么的时候，我们就不知道关于它该说什么，不该说什么。对于一个不适当确定的伪对象 z 来说，完全可以相信（或者相反不可相信）把 $F(z)$ 当作并非 $F(z)$。矛盾和悖论的大门是完全打开的。只有被识别的事物才能被说成 *173* 是具有可辨别的描述同一性。只有当我们知道所讨论的"它"是什么的时候，我们才能有意义地把描述特质归于它。

由此，这里通过成功引入原则（SIP）来考虑的论证，完全不同于罗素的 VCP，尽管它完成了相同的工作。因为它并没有处理哪类集合存在或

不存在的**本体论**问题。相反，它针对的是条件的**交际**问题，这些条件必须满足一个对象所谓的识别描述，以便成功描述一个定义良好的指称对象，并因此成功表达一个有意义的讨论对象。总之，SIP 提供的解悖方案比我们处理的罗素 – 庞加莱恶性循环原则（VCP）更自然、更少限制而且更经济。基于此，这个问题实际上不是关于什么存在或什么不存在的本体论问题，而是可以有意义地做哪类陈述或不能有意义地做哪类陈述的语义学问题。

9.5 与罗素悖论相关的悖论：库里悖论和格雷林悖论

最好在罗素悖论的背景下考察**库里悖论**。库里（Curry）并没有考虑罗素的"所有不是自身元素的集合的集合，$\{x: \sim(x \in x)\}$"，而是考虑下面这类所有集合的集合，即**如果**它们是自身的元素，**那么**可以得到任意命题：

$$\{x:(x \in x) \rightarrow p\}$$

当 p 是自我矛盾时，库里能够在没有否定的情况下重新得到罗素的悖论结果。鉴于蕴涵符号的荒谬性，这个悖论是罗素悖论的能行的变项，并且本质上接受相同的解构分析。

在最早的 1903 年版本的 *Paradoxes of Mathematics*（Cambridge University Press）中，罗素引入了他的**不可谓述悖论**。它基于**不可谓述的**谓词理念，

即那些不能谓述它们自身的理念，它们不同于"抽象的"或"可理解的"理念。基于下面的论证，他认为"不可谓述的"谓词自身是一个不能被分类的谓词："让我们假设'不能谓述自身'是一个谓词。那么假设这个（假设的）谓词或者可以或者不可以谓述它自身，这是自相矛盾的。这个例子的结论显然是'不能谓述自身'不是一个谓词……"（p. 102）允许它有资格成为一个谓词将会产生悖论。因此，罗素的分析成功地避免了这个悖论。

德国数学家库尔特·格雷林（Kurt Grelling）的"他谓"悖论只是罗素不可谓述悖论的名义上的变体。[9] 它依赖于**他谓的**这个谓词理念。一个谓词（或形容词）是自谓的，如果它应用于自身（比如，"可理解的"这

个谓词是可理解的，"普通的"这个谓词是普通的）。否则，一个谓词就是他谓的；比如，"绿色的"不是绿色的，"史前的"也不是史前的。因此，我们有定义描述：F 是**他谓的谓词**当且仅当它不可自我应用：

（Het）任给谓词 F：$H(F)$ iff $\sim F(F)$

现在**格雷林的"他谓的"悖论**依赖于这个问题："他谓的"是不是他谓的？令前面描述的 F 就是 H 自身，我们得到：

$H(H)$ iff $\sim H(H)$

我们得到了悖论。"他谓的"这个谓词是他谓的（因此，是可以应用于自身的）当且仅当并非如此。

　　这里的解决范围是很狭窄的，因为除了（Het）自身之外，没有什么可攻击的。我们最好的办法就是认为它依赖于错误的假设，即假设 H 是谓词的谓词，它可以被包括在前面描述中讨论的变项 F 的论域内。因为当我们规定 $\forall F[H(F) \equiv \sim F(F)]$ 的时候，SIP 把 H 排除在这里的全称量词 $\forall$ 的辖域之外。关键点是，在采纳 Het 的时候，我们有一个"创造性的"定义，它为可能预先决定的谓词论域添加了一些东西：

- 应用于不能应用于自身的谓词的那些谓词的谓词。

这里的问题不是这样的自我包含，而是在初始定义或对象描述语境中的自我包含。因为这直接导致违反成功引入原则（SIP）。

　　值得注意的是，格雷林关于"应用于所有不能应用于自身的谓词的谓词"的他谓悖论也与"包含所有不包含自身的集合的集合"的罗素悖论非常相似。前者从内涵上关注这个问题，而后者从外延上关注这个问题。因为考虑任何可描述的事物特质 F，我们都能得到 $\{x：Fx\}$，即所有拥有 F 的对象的集合，以及 $(\lambda x)Fx$，即所有 F 生成的事物共同分享的属性。罗素悖论依赖于所有不自我包含的集合的集合，即 $\{x：x \notin x\}$，而格雷林的他谓悖论——正如罗素自己的不可谓述悖论——依赖于可以应用于所有不是自我描述的谓词的谓词，即 $(\lambda F) \sim F(F)$。所以，其实只是风格上有区别。每一种情况都有同样的模式。所以，两种都适用于相同的解构分析，使得这里的悖论对象（假设在一种情况下是定义良好的集

175

合，在另一种情况下是有意义的谓词）不是且不能是恰当的，因为成功引入原则（SIP）再一次被破坏了。在每一种情况下，这里的属性 F 的构造假设了所讨论的对象是存在的。因为在罗素的例子中"是所有集合的集合（**包括它自身**）拥有谓词 F"，而在格雷林的例子中"是所有谓词的谓词（**包括它自身**）拥有属性 F"。

格雷林悖论把罗素悖论的困难从集合转移到了谓词。而罗素自己把他发现的集合的集合可以产生悖论推广到关系的关系也能导致悖论。[10] **罗素的关系悖论**设计了一个特殊的二阶关系理念 T，当无法在 R 和 S 这两个关系之间得到 R 时，可以在这两个关系（R 和 S）之间得到 T。

（T）根据（T 的）定义：T 是这样的关系，即任给两个关系 R 和 S，我们有 $T(R, S)$ iff $\sim R(R, S)$：

$$T = (\iota V) \forall R \forall S[V(R, S) \leftrightarrow \sim R(R, S)]$$

现在问题来了：给定一个关系 S，关系 T 在它自己和 S 之间成立吗？注意根据（T）的定义，我们用 T 替代 R 会得到：

$$T(T, S) \text{ iff } \sim T(T, S)$$

而这当然是悖论：它意味着既不能得到也不能得不到 $T(T, S)$。

只有一种方法可以解决这里产生的悖论：我们必须抛弃（T）为一个关系提供了有意义的描述这个理念。如果是这样的，T 就不会属于所讨论变项（R 和 S）的论域，因此（可以导致困难的）用 T 替代 R 这一步就不再是有意义的推理步骤了。因此，这个悖论——与它的前任类似——也适用于成功引入原则（SIP）。

9.6 贝里悖论及其分支类型

根据罗素，牛津大学图书馆管理员 G. G. 贝里（G. G. Berry）发现了一个很有意思的悖论。他第一次发表这个悖论是在 1908 年。[11] 贝里悖论产生自下面的叙述：

整数 1 可以（在标准英语中）通过一个单一语词（"one"）来确

定，而 10 的指数函数".10"却不可能。进而"不能用少于 14 个英 *177*
文单词确定的最小整数"（"the least integer that cannot be identified in
fewer than fourteen English words"）怎么样呢？这很明显构成了一个反
常情况。因为我们正好用 13 个单词确定它。

这里产生的悖论根植于下面的疑难簇：

（1）有些数必然符合识别的摹状表达式"不能用少于 14 个英文
单词确定的最小整数"。

（2）根据（1），摹状表达式"不能用小于 14 个英文单词确定的
最小整数"识别了这个整数。

（3）但是——与此论点相反——摹状表达式"不能用少于 14 个
英文单词确定的最小整数"——只有 13 个单词——成功地识别了这
个整数。

远离不一致的唯一可用方法在于坚持认为所谓的"最小整数"这个
识别性表述失败了。这是因为它在这个悖论中的用法依赖于错误的存在
预设。

这似乎是足够可信的。因为贝里悖论可以理解为是对存在"不能被
14 个英文单词识别的最小整数"这样一个数的理念的归谬论证。毕竟，
假设有这样的整数，然后把它打印到某些（足够大的）被命名为《数册》
的书里，然后表达式"《数册》中打印的整数"将识别这个数，尽管它的
字数很少。只有当描述数的可行方式和方法在一开始就被清晰描述的情况
下，构成贝里悖论的这些论题才是有意义的——而一旦这样做了，这里的
悖论就被解决了。

这种解读贝里悖论的方法是由亚历山大·柯瓦雷（Alexandre Koyré）
提出的，他强调有两种非常不同的描述整数的方式：第一种，通过数的标
准格式的命名方式（"五千六百九十二"）来描述；第二种，通过只有这 *178*
个数满足的某些识别条件（比如"撒哈拉沙漠中的沙粒数"）来描述。[12]
为了描述数，前者（命名）普遍要求比较长的表达式，但后者（识别）一
般可能用简洁的方法就能实现。因此这个悖论面临着困境。对于技术上的
命名数的标准方式来说，前提（3）-（4）是真的，而（5）-（6）是假的，

而对于非形式化的识别数的方式来说，（5）-（6）是真的，而（3）-（4）是假的。

但是，贝里悖论可以被重新改装为更有挑战性的形式。考虑下面的思路：

（1）每一个可以用拼音化的自然语言（比如英语）表达的有穷文本都被包含在文本序列中。然后按照拼音序列，首先表达所有可能的一个字母长的文本，然后所有两个拼音长的文本，然后所有三个拼音长的文本，等等。

（2）既然任何特殊的（正）整数都可以在标准英语中用有穷文本识别，那么可以得出任意特殊的整数最终都将被这个系列中某些文本识别。

（3）**可以**被长度小于 n 的文本识别的整数总是有穷的，因为这种文本的数目是有穷的。这意味着这个**不能**被长度小于 n 的文本识别的所有整数的（无穷）集合 Z_n 总是存在的。

（4）与任何其他（有穷或无穷的）整数集合相似，这个集合 Z_n 中总有一个最小的整数 $z_n{}^*$。在此情况下，这将是**不能**在标准英语中用 n 个或更少拼音长度识别的最小整数。

179

（5）具体说，如果 n 是 1 000，那么 $z_{1\,000}{}^*$ 就将是——根据其构造——"在英语中不能用少于一千个字母的文本识别的最小整数"。

（6）但是——这里有悖论——我们正好用远小于一千个字母识别了 $z_{1\,000}{}^*$，即恰好是"不能在标准英语中用少于一千个字母识别的最小整数"。

这里不得不承认所讨论的数量。要想避免它，人们必须正面攻击最有问题的前提——（3）。

可能在这个不一致链条上实现这个突破的最可信的方法是引入直接识别整数和间接识别整数的区分。一个整数是**直接识别的**，如果它或者由其标准名字描述或者由识别公式描述，而这个识别公式单独就可以示例，比如"35 的 4 次幂"。它是**间接识别的**，如果它由某些偶然的关系描述，比如"写在这张纸的这个地方上的一个整数"或者"约翰在如此这般情境中提到的整数"或者"在如此这般的语言中以如此这般一种方式识别的整数"。显然，**任何**一个整数在一个理论中都可以通过一个间接类型的简短文本被识别。所以只有相对于**直接的**而非间接的识别，前提（3）才是站得住脚的。但是（4）–（6）中所讨论的关于 Z_n^* **存在**的主张依赖于**间接**识别的过程。因此，解决这个悖论的方法是看到整数识别这个关键概念具有致命的含混性。前提（6）中用作识别的表达式完全不能识别。

从另一个角度看，这一点就变得更清晰了。考虑下面这个方框中的句子：

> 现在是所有好人来参加聚会的时候了。

指导你写下这个句子我要用多少字？ 这里有多种不同选项：　　　　*180*

（1）写下这个句子："现在是所有好人来参加聚会的时候了。"

（2）写下标准的打字练习语句。

（3）写下方框中的句子。

由于没有规定表达指令的合适方法，那个用黑体字表达的问题是完全没有定义良好的。就像问你从纽约到洛杉矶得花多少钱，但不告诉你是坐船、步行、坐火车、乘飞机还是乘汽车等一样。如其所示，这个问题迷失在了意义模糊的不确定性之中。

我们也可以从另一个角度（即从预期观点和回溯观点相区别的角度）质疑前提（3）。考虑"每本书都有题目"。从回溯观点看，这是真的（或者至少可以假设为真的）：目前为止，我们处理的每一本书都有题目。但是对于未来还没有出版的书来说，这不是真的——或者至少现在还不是真的——更不要说命名了。"每个数都有一个名字"也类似。这当然也适用于我们特别关注的所有实数。但是既然实数是不可数无穷多的，而可找到的名字至多是可数无穷多的，所以名字太少不够用。我们可能会讨论的每一个数都可能（根据事实）被命名并且被识别。但是这并非对所有数都是真的。（如果我们只有十分钟，我可以把你介绍给舞厅中的**任何**人，但不是**每**一个人。）

这里的困惑也类似于这个谜题：对于没有识别名字的事物我们如何称呼呢？好吧——我们采取这个约定：它应该是**没有名字的**。但是现在——你瞧！——不再是这样了。但事实上这里有这样两个讨论层次之间的歧义：术语革新之前的事物**初始**状态与术语革新之后的事物**终极**状态。在前一种指称情况中，确实有些事物没有名字；而在后一种指称情况中，则不是。因此，通过画出一条恰当的分界线（正如亚里士多德所说，必须这样）可以避免矛盾。

由此，我们不需要为了这类悖论而诉诸数学。考虑下面陈述的所谓识别表达式：

> 有些人在某类文本——传记或"想要的"公告或可能是一个出生证明——中被提及。其他人从来没有在任何文本中被提及——比如一个遥远的因纽特的渔民或安纳托利亚的牧羊人，他们在无人提及的默默无闻中活出自己的存在。但是现在在考虑这个摹状表达式：**文本中未提及的现存的最老的个体**。注意这个反常现象：我们现在——表面上看——正在设法提及这个个体。

这个悖论本质上与贝里悖论是同类型的悖论。起作用的是相似的错误预设，因为我们也有一个所谓的识别表达式违反了成功识别原则（SIP），它实际上禁止了下面这个有问题的理念：把一个"没有提及的个体"定义为"任何语境中都不会谈及的——包括现在讨论的语境"。

9.7　理查德悖论

理查德悖论的困境来自下面的思路[13]：

> 令 D 是可用有穷多单词描述的小数的集合。当然，我们可以用无穷列表表达这个集合，首先（按照字母表顺序）列出所有可以用一个单词描述的小数（比如，零 = .0000…），然后是用两个单词描述的，等等。但是现在建构一个新的小数，如下：从这个列表中第一个小数开始，看它的第一个小数位。如果它是 n，那么令我们新建构的小数的第一个小数位为 $n+1$，除非 n 是 9，这种情况下用 0。然后

是这个列表中第二个小数，看它的第二个小数位。如果它是 n，那么令我们新建构的小数的第二个小数位也由前面的规则决定。然后是这个列表上的第三个小数，按照同样方式处理。由此我们所建构的就是（1）一个由有穷个单词描述的小数（注意这里"等等"的作用），但是（2）然而，它**不能**在最初的 D 的全部成员的无穷列表上表达。

一种攻击这个悖论的方法是否定它的（隐含）前提，即任何给定的（有穷）言语公式都只能描述某个特定的数，而不是其他数，并且，在任何情况下，都只是有限多的数。恰好没有"长度为 n 的表达式可以识别的极大数"。比如，考虑下面这个公式："我现在正在想的数的数量"或者"桌子上那本书中写的数"（回忆一下前面讨论贝里悖论的时候提到的关于"数的识别"的模糊本质）。由此，成功引入原则（SIP）再一次被破坏了。皮亚诺在反驳的时候指出了问题的症结所在："理查德的例子并不属于数学而是属于语言学。对于一个在［对角线数的］定义中起基础作用的元素来说，N 不能通过数学规则用精确的方法来定义。"[14] 毕竟，这个"由给定数目的单词描述的小数"的初始列表不是——并且不能——仅仅由算术工具生成，而且要求设定数学上无法计算的事情，即把言语公式与数联结起来，而这些言语公式属于非形式化的语言而不是严格形式化的语言——与之前讨论的贝里悖论非常相似。

但是，理查德悖论有着有趣且广泛的影响。考虑下面的争论：

（1）关于实数，**存在就是成为算术上可识别的**。在这里，声称存在算术可处理范围之外的事物是不恰当的。

（2）根据（1），形式化的实数算术对于实数已经足够了。

（3）可以在任何（包括实数算术在内的）形式化语言中陈述的识别公式，也可以在一个适当建构的无穷列表中完全陈列出来。因此，可用来描述实数的公式是**可数的**。

（4）可以（根据康托尔的对角线论证）证明实数自身不能完全数出来，而且它们的数目是**不可数的**。

（5）根据（3）-（4），形式化的实数算术对于实数是不充分的。

（6）（5）与（2）矛盾。

这里（1），（3），（4）构成了不一致的三元组。

这个不一致应该如何处理呢？既然可论证的事实与（3）-（4）相关，而（1）至多是一个可信的主张，那么我们应该——在这个语境中！——准备抛弃（1）。结果可能是接受这个理念：就实数的算术系统化而言，清晰的识别是一回事，而实际的存在是另一回事——而且是更大的事。

实数在数量上是不可数的：实数的数量是不可数无穷多的。但是，数的描述方式的数目——可以在形式化系统中清晰表达的数的"名字"——是可数的。实数与数的名字一起玩"争椅子"游戏——没有足够多的名字供应。这个理念没有问题：即使对于实数来说，**存在就是可命名——算术上可识别**。很明显，**任何**实数都能被命名/识别。但并不是**每一个**实数都被命名/识别了。如果我们说对于任何一个实数来说，**存在就是被命名**（而不是**可命名**），那么我们就严重低估了实数。

无论痛苦与否，我们都不得不认识到实数的多样性——非形式的理解——比任何有关算术的公理化、形式化系统所能清晰表达的东西都多。[15]

184

9.8　布拉里-弗蒂悖论

这个悖论源于意大利数学家切萨雷·布拉里-弗蒂（Cesare Burali-Forti），它包含过于技术化的数学复杂性，使得我们无法在这里详细讨论。[16] 基本理念是**所有**序数的序列——根据量级适当安排——自身必须有一个序数，称作 Z。但是可以表明所有序数的序列至多可包括任意给定序数，它比那个序数自身大（具体说，它是那个序数加一）。这意味着 Z 需要比它自身大（一）。序数算术与其他地方一样，这类自我超越是不可能的。

最容易实现的攻击路线是放弃这个理念：每一个序数的序列自身都必须有一个序数，所有序数的序列的情况尤其如此。毕竟，"所有序数的集合的序数——包含自身"这个描述再一次违反了成功引入原则（SIP）。结局是拒绝**所有**序数的集合有一个总体序数。［对比其他语境中讨论的不合法总体，比如康德的二律背反（见前面 pp. 147-151）。］但是这些问题太过技术，无法在此进一步详细讨论。

9.9　处理数学悖论

在 20 世纪，数理逻辑学家提出很多方法来处理此领域中的悖论。在每一种情况下，他们的一般策略都是相同的：认为某个命题对悖论至关重要的基本原理是站不住脚的。而在寻找这个基本原理的时候，他们的指导 *185* 方针是"一举多得"，即寻找能一举实现解决多个——其实理想上是**所有**——悖论的工作机制。这个研究还没有完全成功，但是已经取得了有用的进展。具体来说，按照皮亚诺的说法，拉姆塞区分了两类悖论：（1）援引集合、元素或数等概念的数学悖论；（2）援引真、指称或识别的语义悖论。[17] 所以拉姆塞认为，前者完全可以通过简单的类型论（无需分支类型论以及还原公理）来处理。而后者可以通过恰当的语言使用上的一些限制来处理。这个观点已经被广泛接受。

但是还可以设想另一个选项，它无需冗长的类型论机制。关于数学悖论，它们可以分为两大组：

- **康托尔–罗素类悖论**

  这组包括康托尔悖论、罗素悖论、库里悖论、格雷林悖论以及罗素的关系悖论。这类问题的关键在于，识别描述中自指与总体的组合所生成的自我包含被破坏了，识别描述的例子有："如此这般所有集合的集合"，"如此这般所有属性的属性"，"如此这般所有关系的关系"，"如此这般所有数的数目"，等等。

- **贝里–理查德悖论**

  这组包括贝里悖论和理查德悖论。这类问题的关键在于，在形式化系统中，数的内部系统识别与它们根据非形式工具进行的外部识别之间的差异。

现在第二组悖论并不太令人担忧。因为一方面可以把它们作为实际的矛盾 *186* 而避免掉，方法是认为它们不恰当地假设了数的形式定义与非形式的、超系统的描述之间的关系。另一方面，这些悖论与其说质疑形式数学的**一致性**，不如说是质疑其与更宽松的、非形式理念之间关系的**完整性**。它们指出，形式化算术系统**中**可以表达的东西与通过外在工具**关于**它所能表达的东西之间存在哥德尔差异。而且它们指出，后者总是超越前者的界限：没有一种形式化能够涵盖算术的全部。

但是，前一组悖论正在威胁着数学自身的一致性。为了消除它们，人们提出了很多意义深远的策略，首先是下面的四个[18]：

Ⅰ．禁止自指（早期罗素）

没有包含（不论多么间接）自指的陈述是有意义且恰当的。

Ⅱ．恶性循环原则（庞加莱，后期罗素）

任何特殊种类的假设对象（"如此这般……集合的集合"，"如此这般……谓词的谓词"，等等）都不能存在，如果它的描述——直接的或间接的——（"属于它的所有集合"，"所有谓述它的谓词"，等等）指称那个对象自身。

Ⅲ．类型层次理论（罗素-怀特海）

所有关于对象的恰当定义的陈述都有一个类型层次。而一个对象的特点只能提及那些比这个对象层次更低的对象，所以每一个关于总体的有意义的断定都比这个总体自身层次更高。由此，关于集合的有意义的陈述所能赋予它的都是类型层次更低的对象。[注意，这排除了 $x \in x$ 的有意义性，因为它赋予对象（x）一个特征（拥有元素），使它提及一个相同类型层次的对象，即 x 自身。]

Ⅳ．语言层次理论，语言/元语言区分（塔斯基）

谈话总是在一个语言分层中的某个特殊层次上进行的。在某个层次上谈论一个对象就自动把谈论对象转换到了下一个层次。因此像"如此这般……的全部陈述（或全部谓词）"必须被解释为"如此这般……的全部层次 i 的陈述（或谓词）"。而这个陈述是在 $i+1$ 层次上，它并不——不能——指称它自己。"这个陈述是……"这种形式的陈述是自动不合规范的——实际上不是陈述。

在第四种方法的语境中，塔斯基能够表明如果接受通常的逻辑原则，那么，在提供工具讨论自身表达式的真或假的意义上，没有语言是语义上自我包含的。因为为了满足这些条件，需要建构一个说谎者悖论类型的、说自己假的断言，而这是不可能的。假定一个融贯的语言无法自我刻画，我们就不得不去进行不同层次的语言分层，我们在 $n + 1$ 层次上讨论 n 层的语言，但是我们不会并且不能得到对所有层次进行总体化的工具。特别地，我们甚至不能直接说概括情况是真的还是假的，而只能说在这个或那个语言分层和元语言层次上是真的或假的。但是，这种避免悖论的结果代价巨大，它放弃了对陈述的任意概括，而这些陈述是我们在数学或其他地方非常需要的。

9.10 成功引入原则（SIP）的效力

我们一直在考虑的这些数学悖论的标准解决方法都有一个共同的问 *188*
题：它们都对语言的有意义性加上了大规模且烦琐的限制。就此而言，本章关注的焦点是如何有意义地（即根据不破坏成功引入原则的识别）使对象进入讨论阶段，这在简单性与自然性上有本质的优势。

再考虑一下这些数学悖论中讨论的对象描述问题：

- 所有集合的集合——包括自身（康托尔悖论）。

- 所有非自我包含的集合的集合（罗素悖论）。

- 下面这些集合的集合：允许"明确断定"自我包含的主张（库里悖论）。

- 刻画所有不自我刻画属性的属性（格雷林的"他谓的"悖论）。

- 下面这些关系对儿构成的关系：关系对儿中的前者在其自身与后者之间不成立（罗素的关系悖论）。

- 所有满足特定条件的序数——包括它自身——的序数（布拉里-弗蒂悖论）。

- 以某种方式与任意数相关的数——包括它自己（贝里悖论和理查德悖论）。

这里值得注意的重要事实是，所有这些悖论都依赖于下面这种格式的对象引入的描述："满足如此这般某个条件的对象"$(\iota x) Cx$。但是这里的识别算子的作用是使这个所谓的对象以一种非常有问题的方式被刻画。因为这里一直讨论的是对成功引入原则（SIP）的破坏。

189　　可以区分两种**交流异常**的模式。一种是**命题无意义**——解释学上基于概念的或语义学上基于"真"的命题无意义。但是还存在**空指称问题**，它基于错误的术语识别或引入，把$(\iota x)Cx$当作不适当的描述（定义或识别）而抛弃。当我们认为一个对象被有意义地描述了而实际上并非如此的时候，结果就是我们的主张必然是语义上无意义的。我们承认了除以 0 的语义等价物。我们的争论是无意义的，因为它是基于无法满足的识别预设的。

很显然，空指称根植于康托尔-罗素类型的数学悖论。所有这些都源自一个共同的原因——不适当地预设了某些事实上不存在的东西存在。乍看起来，这可能很奇怪，因为在数学中人们可以把事物定义为存在——我们可以根据假设或假定使事物存在。或者似乎是这样的——但是这种似乎并不是完全正确的。因为要把这些事物定义为存在有一个非常重要的限制——保留一致性。即使在单纯可能性的范围内，你也必须至少使你的规定与你自己的承诺相容。而悖论的这个事实表明某些东西出错了——某些对于保持一致性至关重要的条件被破坏了。

从这些考虑中还会得出另一个有益的教训。处理悖论需要注意某些前提是**在什么地方**、**以何种方式**出错的。这些都是**诊断**的事情，而且一般来说相对直接。但**治疗**（即**处理**）是另一回事。精确地决定如何解决问题——为排除困难所需的特殊步骤设定一个强有力的原则——往往是一个庞大而艰难的挑战。因为纠正错误所需要的药方应该是：

- **自然的**——对于所讨论的例子来说是内在可信的且不是任意的或特设性假设的。
- **不太弱**——不能处理所讨论悖论的其他版本或变形。

190
- **不太强**——为了排除那些我们不想要的命题而迫使我们放弃我们想要的命题。

在这方面，通过尊重适当识别和引入的条件来避免空指称似乎是很有前途的方案。

确实，很容易提供避免悖论的建议："不要做无保证的预设！"但是，这个同义反复并没有真正的帮助。魔鬼在细节里，这就是为什么我们在悖论分析的时候需要把所有的牌都清晰地放在桌子上。每个例子中的问题都是精确地描述那个假定且没有保证的预设，然后，在这样做了之后，建立其不可行的依据。这个方面的悖论分析不是完全自动的，而这里考察的数学悖论只是非常清楚地表明：在为抛弃（单独就能解决这些悖论的）论题提供理由时，多考虑一下还是有用的。开出适当药方，以便在悖论之后恢复我们认知器官的健康是——或可能是——疑难中最有挑战的部分。

解决悖论会促进创新，因为它要求通过区分、优先化和预设等方法来采用新机制。数学悖论促使人们密切关注对象的识别以及它们的指称引入。连锁悖论为通往可信性理论以及"模糊逻辑"带来的那种模糊操作提供了一条途径。说谎者悖论鼓励探索意义缺失的途径，比如类型理论和语言层次学说。含混悖论要求发展多样化的概念区分。这样，我们在悖论领域遇到了令人振奋的理论创新的气氛。

注释

〔1〕同样，有无穷收入（与整数一样多的美元）的人可以支付同等数量的所得税，但依旧剩下初始的金额，一样多的钱。

〔2〕参看 C. L. Hamblin, *Fallacies*, revised ed.（Newport News：Vale Press，1993），pp. 32-35 随处可见。

〔3〕古人对此早已有了很好的认识，他们拒绝诸如此类的循环论证：希恩住在哪？〔"向我确认希恩住的地方"。〕他住在迪奥住的地方。迪奥住在哪？他住在希恩住的地方。（参看 Prantl, *Geschichte*, vol. I, p. 492。）

〔4〕注意，这个原则的一个推论是**非法总体原则**（ITP）：为了使引入讨论的总体（集合或整体）有意义且可行（即充分描述的、被识别的、被定义的），在它的**引入定义**中一定不能故意包括它自己。即，如果根据定义 X 就是 $(\iota x)Cx$，即满足条件 C 的对象总体，那么 X 自身一定不能是这些对象中的一员，这些对象与 C 的关系必须在设定 $(\iota x)Cx$ 自身的界限的过程中就被设定。

实际上，这个原则与前面章节中讨论过的罗素的恶性循环原则（VCP）非常相似。它也能用于排除各种数学悖论。

［5］参看 Prantl，*Geschichte*，vol. IV，p. 42。普兰特所引用的文本应该得到更仔细的分析。

［6］罗素在 20 世纪被批判过的观点奥卡姆在 14 世纪也被批判过，即他的限制在排除悖论性自指（"所有命题都是假的"）的同时也排除了无害的自指（"有些命题是真的"或"所有命题都能被讨论"）。参看 Ashworth 1974，p. 105。

［7］注意，这个"真"的不可行性也会导致对下面这个问题的否定回答："作为整体的真可以有穷公理化吗？"

［8］参看 Bertrand Russell and A. N. Whitehead，*Principia Mathematica*，vol. I（Cambridge：Cambridge University Press，1910）［1967 年平装再版］，pp. 31，37。罗素在其他地方把它表示如下："如果假设了某种集合有一个总体，它就会有只能由这个总体定义的元素，那么这个所谓的集合就没有总体。" *American Journal of Mathematics*，vol. 30（1908），pp. 222 – 262（p. 240）. 罗素继续解释说："当我说一个集合没有总体的时候，我的意思是关于其所有元素的陈述是无意义的。"（同上，也可参看 *Principia Mathematica*，vol. I。）但是，他似乎认为这里的罪魁祸首是"所有"而不是"它的"！因为他强调"任何包含一个集合的**全部**的东西，自身一定不能是这个集合的一员"（"Mathematical Logic as Based on the Theory of Types，"（1908）reprinted，in J. van Heijenoort，*From Frege to Gödel*［Cambridge，MA：Harvard University Press，1967］，pp. 153－182，p. 155）。罗素在其他地方更谨慎地说："如果假定（我们假设）某个集合有总体，它就会有只能根据这个总体来定义的元素，那么这个所谓的集合就没有总体。"（Bertrand Russell，"Mathematical Logic as Based on the Theory of Types，"*American Journal of Mathematics*，vol. 30［1908］，pp. 222 – 262，p. 227；cf *Principia Mathematica*，vol. I，pp. 31，36.）短语"只能根据……定义"有用，但是也会引入它自身的问题，因为这就是说不能以一种方式定义的东西也不能——不择手段地——以其他方式定义？罗素的构想听上去好像是说，他认为一个有问题的集合是好的，但是我们必须避免主张它的全体。这似乎是非常错误的。

［9］关于格雷林悖论，参看 Kurt Grelling and Leonard Nelson，"Bemerkungen zu den Paradoxien von Russell und Burali-Forti," *Abhandlungenden der Fries'schen Schule*, *N. S.*, vol. 2（1908）, pp. 301－334。也可参看 Hermann Weyl, *Das Kontinuum*（Leipzig：Veit, 1918）。

　　[10] Bertrand Russell, *The Principles of Mathematics*, revised ed.（New York：Norton 1938）, pp. 102－103, section 102.

　　[11] Russell 1908，再版于 Heijenoort 1967。

　　[12] Koyré 1946. 但是，柯瓦雷并未按照这样的方式认为**任何**整数都可以通过第二种模式很简短地识别，相反，他采取了不同的解决方法："问题是：'我们能否在音节里"命名"一个给定的数字？'——不再有答案，不再有任何意义。"（La question：' peut-on ou ne peut-on pas "nommer" un nombre donné en tent de syllabes?' —ne comportera plus de réponse, n'offrant plus aucun sens déterminé."）（p. 17）

　　[13] 理查德的论文 "Les principes de la mathématique et la problème des ensembles" 最初发表在 1905 年的 *Révue générale des sciences pures et appliquées* 上。它翻译出版在 Heijenoort 1967, pp. 143－144。

　　[14] Heijenoort 1967, p. 142.

　　[15] 关于这个问题的更多细节讨论，请参看 Alonzo Church, "The Richard Paradox," *American Mathematical Monthely*, vol. 61（1934）, pp. 356－361。

　　[16] 参看 Cesare Burali-Forti, "Una questione sui numeri transfinite," *Rendiconti di Palermo*（1897）, trans. Heijenoort 1967。

　　[17] 参看 Heijenoort 1967, p. 152，蒯因的论述。

　　[18] 相关讨论参看 Heijenoort 1967。

第十章
考虑的悖论

- 自我反例悖论
- 自我证伪悖论
- 克里特的埃匹门尼德的说谎者悖论（及其变体）
- 自我证伪悖论（单独和对偶）
- 自我否定悖论
- 对偶的说谎者悖论
- 说谎者链悖论
- 方框悖论
- 真值状态指派悖论
- 示例悖论
- 序言悖论

第十章 包含关于 "真" 的冲突断言的语义悖论

10.1 自我证伪

任何语词中的矛盾（*contradictio in adjecto*）自动就是悖论的。谈论 193 "有学问的无知" 就是既承认又否认学问。把某事物置于乌托邦（字面上是 "不存在的地方"）中就是否定所宣称的 "置于……中"。但是这类 "悖论" 只是修辞比喻，明智的解释者马上会认识到需要小心对待这种文学上的繁荣，因为不能把它们看得太过文学，就像隐喻或类比的情况一样。

但是，公然自我证伪的论述是另外一回事。有不同的自我否定的形式。一个陈述可以出现在这样的语境中：

- 它与自己所宣称的有意义不相容（以某种方式宣称这个主张自身是无意义的）。（比如："这个陈述是无意义的"。）

- 它与自己所宣称的 "真" 不相容（认为这个主张自身是假的或不确定的）。（比如："这个陈述是假的"。）

- 它与这个主张自身的断定不一致。（比如："这张纸上陈述的主张都不是真的。"）

- 它与这个主张自身的实质相矛盾。（比如："本页根本没有陈 194 述" 或者 "这个句子有六个词"。）

最后一个例子是异常情况的一个特别明显的形式。因此，考虑："没有命题是否定的"，"所有命题都是否定的"，"印刷品中说的都是真的"，"关于我所说的，我什么都没说过"，"这个陈述很有意思"。这些陈述不只是假的，而且它们自身表达了它们为假的一个例子。它们示例了自我反例悖论这个理念。中世纪逻辑学家考察了这类陈述，但是不愿意把它们描述为不可解的。[1] 所以他们认为，真正不可解的是，如果把它当作真的，它就是假的，但反之也必须成立——从假设这个陈述为假也必须能以某种方式推出这个陈述为真。

所示的例子表明单一陈述可以导致疑难。但是，它们很少能完成这个表面看起来很可信其实自相矛盾的困难壮举。在这个意义上，它们不同于：

（G）所有全称概括都是假的。

鉴于我们在容易出错的轻率概括方面有丰富经验，这个论题感觉还是很可信的。然而，这个陈述是自我证伪的，正如"有些陈述是真的"这样的论题是自我验证的一样。解决这种由单一陈述导致的悖论很容易：我们需要抛弃这种陈述自身。因此，在这个例子中，我们可以从表面上看待（G），并根据其内容把它当作假的而不予理会。我们面前也有相互冲突的真主张。

一个陈述明显是悖论性的，如果它不只**表明**自己的假，而且直接**宣告**自己的假。因此，考虑下面的陈述：

- 这个陈述是假的。
- 我今天做的每一个陈述都是假的。

- 这一页上说的都是假的。
- 如果这句话是真的，那么我就是一只猴子的叔叔。

这个思路把我们引回到约翰·布里丹的无解情况："这个陈述［这页纸上第 n 个陈述］是假的"，或者假设苏格拉底说"我今天说的都是假的"所导致的无解情况，或者"我（现在）说的是假的"[2]。

这类争论是语义上不可存活的。它们按照下面这样的方式直接生成**自我证伪悖论**：

（1）根据定义，所有（语义上）有意义的陈述都或者是真的或者是假的，但不能既真又假。

（2）所讨论的陈述是语义上有意义的。

（3）根据（1）和（2），所讨论的这些陈述或者真或者假，但不能既真又假。

（4）根据它们的内容，如果这两个陈述是真的，它们就是假的，而如果它们是假的，它们就是真的。因此，我们必须或者把它们都归为真的或者都归为假的。

（5）根据（1）和（4），所讨论的陈述不是语义上有意义的。

（6）（5）与（2）矛盾。

这里 ｛（1），（2），（4）｝ 构成了不一致的三元组，但是除了直觉主义逻辑学家之外，（1）是真的，它内在于我们对语义上有意义的定义理解之中。（4）是现有情况下的一个事实。但是，（2）只是一个可信的假设。*196*
因此，我们有一个优先性排序：（1）>（4）>（2），因此，必须抛弃（2）。

"我今天做的每一个陈述都是假的"与"这页纸上每一个陈述都是假的"这样的概括性论点，尽管是自我证伪的而且是悖论性的，但它们的否定却完全是没有问题的，即分别是"我今天做的有些陈述是真的"和"这页纸上有些陈述是真的"。但是，"这个陈述是假的"就不是这样了。因为，其否定是"那个陈述——即'这个陈述是假的'——是真的"，而它依旧和原来的陈述一样是悖论性的。这种自我证伪陈述的特征是既不能把它归为真的也不能把它归为假的：唯一的选项就是把它当作语义上有缺陷的和无意义的而抛弃。

还有更坏的事情。考虑下面的陈述：

（S）这个句子是（语义上）无意义的［即，它既不是真的也不是假的，因而它没有真值］。

我们自己无法给（S）赋予一个真值。考虑下面的内容：

（1）	（2）	（3）
指派给 S 的真值	如果（1）的赋值是恰当的，则 S 的真值	（2）与这个句子自身之间一致？
T	F	No
F	F	No

只有拒绝给 S 一个真值，我们才能使它所主张的东西与当时的情形相一致，即使这样，我们也不能使这个句子为真，因为这样做我们会立刻使它为假。唯一处理 S 的方式是把它归为不只是语义上没有意义的，而且是解释学上没有意义的。没有其他可存活的理解方法了。

但是，正如我们上面看到的，有意义性包含另一个更微妙、更复杂的问题，即指称充分性的问题。就此而言，我们又回到了前一章的成功引入原则（SIP）。很显然，根据这个原则，假设的描述：

> （L）L 是假的

是对陈述 L 的不恰当且无效的引入。因为它这里的识别是"那个说**它自己**为假的陈述"，为此［或者为了这个识别为**真**！］，如果那个回指是成立的，就会要求"它"有一个在先的描述。由此，（L）的问题或者"本句话为假"的问题就在于这个关键原则被破坏了。有意义地说，"L 是假的"或"这是假的，L"预设了 L **已经存在**，我们不能在预设它存在的前提下开始**识别**引入。

一般来说，回指短语"这个句子"预设了这里的句子已经在先前描述中被识别。确实，任何下面这种形式的自我指称陈述的**引入**都是不适当的：

> （L）L 是如此这般的［"L 是这样的句子，它适用于如此这般的这个句子"］。

因为用它们的定义来代替被定义词项的标准过程，为我们开启了一个无穷倒退的过程：

- （L 是如此这般的）是如此这般的。
- （（L 是如此这般的）是如此这般的）是如此这般的。

等等。这个假设的定义并不能让我们考虑任何确定有意义的东西。这里，作为（据称）有意义的断定而被引入的一个论题其实并不是有意义的。这种有意义的陈述并不存在。因此，一个自我证伪的悖论及相关悖论是语义学上没有意义的，因为它们通过导致悖论使它们没有任何固定的真值指派。

需要强调的是，这也适用于表面无害的句子：

（L）L 是真的。 198

因为这个语境中的真正问题不是自我证伪，而是自我刻画，它以某种方式破坏了有意义的指称所需要的那类识别。

确实，"这个陈述不是如此这般的"或者等价的

（L）L 是如此这般的

的内容可以重新改写为没有确切自指的，比如

$$\forall p[p = L \text{ 当且仅当 } p \text{ 断定 } L \text{ 是如此这般的}]。$$

但是，在此公式中，这个论题并没有声称要**定义**或**引入** L。而这个问题现在可以被搁置一边了，因为通过观察其悖论本质，可以使 L 排除在命题变项 p（即语义上有意义的预设的集合）的范围之外。这个"重新改写的"论题不是良形的陈述。

对这些难题的研究，构成了中世纪大多数大学中艺术课程的重要部分——通常是在第三年或第四年，主要关注公共辩论。其实中世纪的有些经院学者的观点很有意义。他们实际上主张"陈述"这个词是含混的。因为我们必须在**句子**或**断定**（*oratio*）与实际的**命题**（*propositio*）之间做出重要区分。前者只是语词上的，而后者是有交流意义的信息对象。通常一切顺利的情况下，句子传递命题。但事情并不总是很顺利——尤其是它们与诡辩和不可解难题并不相配。[3]

特别地，他们认为，这与我们刻画为语义上无意义的命题有关。因此，布里丹认为如果不能根据事物本质而把一些陈述归为真或假，那么这些陈述就是内在不成立的。[4] 威尼斯的保罗则更直接。他认为"我现在说 199 的是假的"这样的陈述根本不是一个恰当的陈述。[5] 它既不是真的也不是假的，而是在这两者之间，居于不确定的站不住脚的摇摆之中（*non est verum nec falsum, sed medium indifferens ad utrumque*；同上，pp. 138－139）。严格说，它根本不是命题。（*Nullum insolubile est verum et falsum, quia nullum tale es propositio*；同上，p. 139 n539。）

10. 2　说谎者及其同类

考虑源自欧布里德的说谎者谜题（*pseudomenos*）的自指问题："说
'我在说谎'的人是否在说谎？"（以及："宣称'我在做伪证'的见证者
是否在做伪证？"）[6]这里产生的问题可以通过下面的两难来说明：

> 宣称我在说谎或者是真的或者是假的。但是如果这个宣称是真
> 的，那么我就在说谎，而我的宣称就是假的。但如果这个宣称是假
> 的，那么它所说的——我在说谎——就是假的，而我说的就一定是真
> 的。因此，每一种对真值状态的断定都是不恰当的。

欧布里德的谜题在古典时代是非常流行的。[7]它导致埃匹门尼德
（Epimenides）的古代故事中概述的问题：据说某个克里特人说过"所有
克里特人都是说谎者"——这里"说谎者"被理解为**天生的说谎者**，
他不可能说真话。[8]这里我们有的是一个自我证伪的陈述，它包含一个关
于"真"的互相冲突的主张。如果我们接受埃匹门尼德的主张为真，那
么它自己就会是假的，所以这个陈述蕴涵着自身的否定。但如果把埃匹门
尼德的陈述当作假的，不会导致什么不好的结果——某些克里特人有时候
并不说谎这个理念是没有问题的。自我证伪的陈述（"我在说谎"[9]，"这
个陈述太复杂了以至于无法明确表达"，"所有全称陈述都是假的"）是自
我矛盾的因此是假的，因为这个陈述与其自己的后承之间会产生冲突。好
吧，我们得到一个悖论，但它很容易解决——这既包括对产生原因的识
别，也包括对所包含的指称失败的诊断。

因此埃匹门尼德的问题不像经典的说谎者悖论那么严重，说谎者悖论
提出了更广泛且更深层次的问题。这个主张并不新奇。吕斯托夫（Rüstow）
数出了古代和中世纪提出的 16 种解决说谎者悖论的方法。（威尼斯的保罗
已经列出了 15 种。）这些方法可以分为四组：（1）指控它犯了标准错误
（比如，**双关语**，含混的**意外**，**非因果关系**）；（2）通过自我否定来自我解
构；（3）通过既不为真也不为假而成为语义上无意义的；（4）指称失败
（*non potest supponere pro tota illa propositione cuius est pars*）。[10]

当真、假和指称等问题明确有争议的时候，语义悖论就产生了。这里与其他地方一样，外表会欺骗人。对此，考虑下面谜题中提出的欧布里德的说谎者悖论的其他版本："说自己正在说谎的那个人说的是真的吗？" *201* 现在正在讨论的这个**自我证伪悖论**根植于这个论题：

　　　　（S）这个陈述（即现在正在说的这个陈述）是假的。

这个陈述使我们面临下面的困惑：

我们把 S 当作	由 S 先前断定的真值状态导致的 S 的真值
T	F
F	T

我们无法使两者达成一致。引入第三值（"不确定"或"未决定"）也无济于事。考虑：

　　　　（S'）这个陈述是假的或未决定的。

现在这个情况变成了：

我们把 S 当作	由 S' 先前断定的真值状态导致的 S' 的真值
T	F
U	T
F	T

同样，无法使这两栏相一致。唯一可存活的方案是把这个陈述当作 S，而 S' 是语义上无意义的，即当作缺少任何固定的真值状态——即使把"不确定"当作一个真值时也一样。

"这个陈述是假的"这个明确的自我证伪主张显然是悖论性的。但是我们不能完全把它当作假的，因为这样做的时候我们实际上就证实了 *202* 它。相反，我们能——而且确实应该——在一个更宽泛的语境中看待这个陈述（S）：

　　　　（1）S 是语义上有意义的陈述——它或者是真的或者是假的，但不能都是。

　　　　（2）假定它所断定的成立，如果 S 是真的——如果 S 是假的是真的——那么它是假的，而且——

（3）假定它所断定的成立，如果 S 是假的，那么它是真的。

（4）没有语义上有意义的陈述既是真的又是假的。

（5）如果 S 有一个真值（如果 S 是真的或假的），那么它就有其他真值。（根据（2），（3）。）

（6）S 是语义上无意义的——它既不是真的也不是假的。（根据（4），（5）。）

（7）（6）与（1）相矛盾。

因为作为定义的后承，（4）是确定的，四元组 $\{(1)，(2)，(3)，(4)\}$ 的不一致意味着我们不得不在（1）和对偶（2）、（3）之间做出选择。但是（2）和（3）是这个问题的定义假设的一部分，而（1）只是一个可信的假设，而这是直觉主义逻辑学家明确反对的。因此可信性的优先情况是：

$$（4） > \left[（(2)，(3)\right] > （1）$$

据此，（2），（3），（4）／（1）的保留配置是 $\{1，1，0\}$，它代表了最佳可信的解决方案，而 S 必须作为语义上无意义的陈述被排除掉。因此这个悖论容许这种决定性的解决方案，它是唯一能避免抛弃第一优先层命题的。S 是罪魁祸首，需要被抛弃。但是注意，S 并不能仅凭自身构成这里的悖论，相反是通过（1）-（5）才打开了悖论之门。另外，排除（1）——尽管按照顺序是确定的——并不是此事的结局。我们需要确定验证这一步有效的基本原则，就像 SIP 提供的原则一样。

　　也存在**自我否定悖论**，它不提及真和假。它依赖于命题 P，P 断定"这个陈述——即 P 自身——不能得到"。因此我们有：

（P）并非-P。

这直接导致悖论，如下：

（1）$P \leftrightarrow$ 并非-P	根据（P），因为这是它所断定的
（2）$P \rightarrow$ 并非-P	根据（1）
（3）并非-$P \rightarrow P$	根据（1）

　　（4）并非-*P*　　　　　　　根据（2），标准逻辑

　　（5）*P*　　　　　　　　　　根据（3），标准逻辑

　　（6）（5）与（4）相矛盾

这里（1）自身就是这个困难的来源。但是它哪儿出错了呢？它是完全不可行的，因为它同时既主张 *P* 又否定 *P*。因此，（1）并没有描述解释学上有意义的陈述——我们无法理解它。正如我们一再看到的，这个陈述违背了 SIP 原则，它是悖论产生的沃土。

10.3　自指的问题

　　当我们为了描述一些对象而不小心假设了它们的存在时，我们很可能会遇到麻烦。因此，考虑根据下面的描述引入的这个假设的自我否定陈述：

　　　　（*S*）并非-*S*

显然，表面上看这是悖论性的。问题"*S* 是不是这种情况呢？"马上会使我们陷入矛盾。这里，SIP 所禁止的自我包含使我们导致荒谬。

　　再考虑一个陈述，它是它自己与某些主张的合取：　　　　　　　　*204*

　　　　（*S*）*S* & *c*

比如，如果 *c* 是 $2 + 2 = 4$，那么"数字 2 在 *S* 中被提到了多少次？"这个问题就有了问题。把这个陈述中所有的 2 都数进去会导致困难。（只有对于无穷 *N* 来说，我们才有 $N = N + 1$，但是任何可实现的陈述都必须是有穷长的。）在此语境中，我们处理的那些描述，其有意义性和可行性都被错误预设了。

　　接下来考虑下面的问题-回答循环导致的无穷后退问题：

　　　　陈述：（*S*）这个陈述有特征 *F*。

　　　　问题：（*Q*）但是你在谈论什么陈述？你自己陈述的指称是什么？

　　　　回复：（*R*）回到最初的陈述。指称是 *S* 自身。

这个循环不会封闭。指称的问题永远不会完全解决。自我包含的识别实际

上是没有牙齿的：它没有可识别的咬痕。这个情况与互换的情况类似——
Q："这是一个恰当的问题吗?"A："只有当这是一个恰当的回答的时候它才是。"按照其自身的奇怪方式，这种互换实际上是起作用的。这个问题不是恰当的问题，这恰是因为对它的"回答"是"否"。这个答案也不是恰当的，所以，在此语境中，其否定观点提供了恰当的回答。

所有这些例子中的困难也都是不成功的识别。因为在每个例子中我们都有一个论题，它可以通过违反成功识别原则（SIP）这种形式来识别。确实，在处理这类问题时，有时候会指责自指是产生困难的原因，有些作者——比如罗素——由此建议普遍禁止所有自指陈述。但是这样做就太过了。有问题的不是这样的自指断定，而是**自指陈述的引入或描述**。通常的自指陈述不只是意义上没有问题的，而且甚至是真的。[11] "这个句子包含一个动词"和"这个句子出现在这本书的 205 页"或"这个句子是用英语写的"等句子没有任何问题。"这个陈述是用英语构造的肯定命题"或者"否认猫是甲壳类动物是对猫科动物的一个真陈述"，这样的自指陈述是没有错的。出错的是在讨论的时候把一个有争议的词项预设为**已经**存在的对象，并以此方式**引入**这个对象。比如，写下：

（L）L 是真的。

就是一方面指出我们正在引入（描述）L 所指称的陈述，另一方面 L 已经可以对它进行反思了（即它是真的）。而这是行不通的。

为了反对那些通过禁止自指来避免悖论的人，我们可以提出两点作为不采纳这个策略的主要原因。

（i）它把小孩与洗澡水一起倒了。根据自身的自指和关于自身的自指不能是有问题的。因为有很多提供信息且没有问题的自指陈述，比如"这个陈述由英语语句构成"。很多有益的概括有这样的陈述作为后承（比如）："这一章中所有的陈述都与悖论有关。"

（ii）很多有用且重要的逻辑和数学论题都需要用自指或自我包含陈述来构造。（比如，"语义上有意义的陈述有某种真值。"）数学中的某些陈述（包括对哥德尔算术不完全性证明至关重要的断定）都需要自指地构造。

只有很少的断定过程才会自动且始终不变地导致悖论。下面这类直接 *206* 或间接自我否定是典型的例子：

- 后面这个陈述前面的那个陈述是无意义的。
- 所有概括都有例外。[12]

但是，有些过度断言的陈述，它们自身就是自身的反例，这些陈述的困难更微妙，比如：

- 没有命题是否定的。
- 所有概括都是真的。

这里，第一个陈述是一个否定命题（它否定了自身的存在），而第二个陈述是假的概括（同样，它自己否定了自身的存在）。既然这些陈述的存在使它们自身为假，那么无法在陈述 T 是什么与 T 的主张之间建立一致。

进而，最好采取一种有辨识力且不同的自指观，即认为它可以同时有合法的和非法的形式。这里提出了一个普遍的观点，即下面这两种观点——说某些事物是**可以**导致悖论的过程与说它是一个**必须**导致悖论的过程——之间有巨大的区别。我们这里考虑的这类导致悖论的断定过程——比如：含混，自指，可疑的总体，以及有问题的预设——都只是**易**于导致悖论而不是**必然**导致悖论。因此，我们必须始终区分这个过程的非法使用和无害使用。明智的策略是，指出这种过程可能产生不一致的更具体条件。而这意味着避免悖论的大部分方法——比如禁止自指——基本都是既排除不恰当的东西，也排除无害的东西，因而都是过度伤害的。

10.4 真值主张的冲突悖论

语义悖论基本都包含下面这对儿冲突：一个陈述的（内在）内容**中** *207* 所说的东西与**通过**做出这个陈述所包含的（外在）主张。因此，以下面这个自我证伪的陈述为例：

（P）并非 $-P$。

我们通过做出这个陈述而主张 P，但是我们在这个陈述自身中说并非 $-P$。或者以下面为例：

> 所有命题都是否定的。

我们通过做出陈述而陈述一个肯定主张，但又在这个陈述中否定其可能性。

相似的冲突也可能出现在多个陈述之中。因此，考虑上述自我证伪陈述 P 的一组对偶陈述：

> (P_1)　并非 $-P_2$。
>
> (P_2)　P_1。

不管我们在这里如何指派真值，都没办法使我们对这些陈述的真值分类与这些陈述自身所说的内容相一致。这里的陈述在此语境中被当作语义上无意义的而不得不被抛弃。

但是注意，这里出问题的是被成功识别原则（SIP）禁止的**识别**自指。因为当我们回到 (P_1) 和 (P_2) 并用下面的定义替代被定义词项的时候，我可以得到：

> (P_1)　并非 $-P_1$。
>
> (P_2)　并非 $-P_2$。

它们都包含与上面的 P 有关的同一类自我否定。

208　　另外，考虑下面一对儿陈述：

> （A）B 是真的。
>
> （B）A 是假的。

这些陈述导致了**对偶的说谎者悖论**。

（1）陈述 A 宣称"B 是真的"。

（2）陈述 B 宣称"A 是假的"。

（3）A 和 B 是语义上有意义的陈述（或者真或者假的陈述）。

（4）根据其内容，A 和 B 都不能被固定地归类为真或假。

（5）（4）与（3）矛盾。

正如我们已经详细看到的那样，这里陈述（1）-（4）联合起来是不一致的，而且构成了一个疑难簇。现在唯一可以拒绝的候选者是（3），因为（1）和（2）是这个问题的定义规定的，（4）是这个例子的情境现实的一部分。排除（3）我们可以得到决定性的解决方案。

或者考虑与之紧密相关的悖论对儿：

- 后面紧接着的这个陈述是真的。
- 前面紧接着的这个陈述是假的。

注意，与单一自我矛盾陈述"这个陈述是假的"不同，这一对儿陈述的悖论性特征是**偶然的**。这取决于后面的或前面的陈述恰好说了什么。这两个陈述都是自指的——但只是有条件的、偶然的，而不是直接的、本质的。这里只是**语境中的**自指和**偶然的**悖论性。这里的难题不在于所说的东西的意义，而在于所说的东西的**语境**，正如"那个物体是一把刀"这样的实指陈述一样。这里柏拉图实际上提到过："'柏拉图所说的是假的'［＝苏格拉底所说的］是真的。"而苏格拉底实际上提到过："'苏格拉底所说的是真的'［＝柏拉图所说的］是假的。"它们都使自己陷入自我毁灭的争论中。

对偶的说谎者悖论也会导致更长的（连锁）版本的**说谎者链悖论**，如下：

> A：*B* 所说的是假的。
> B：*C* 所说的是假的。
> C：*A* 所说的是假的。

同样，不管我们打算赋予这些陈述什么真值，我们都会遭遇悖论。[13]

中世纪逻辑学家致力于这种说谎者悖论的变体。因此一个 12 世纪的理论家提出了这个难题："柏拉图说：'苏格拉底说的是真的。'苏格拉底说：'柏拉图说的是假的。'他们都没说其他话。苏格拉底说的是真的还是假的呢？"[14] 而这类情况可以无数种方式出现。考虑这对儿真值归约语句："下一个句子是____。前一个句子是____。"有四种方式可以填入这里的空格——TT，TF，FT，FF——其中只有第一种和最后一种不是悖论性的。这意味着下面这种形式的句子不可能是一致的："下面两个句子中

209

恰好有一个是____。下一个句子是____。前一个句子是____。"这样一个集合必定是悖论性的。

因此，考虑下面列出的两个陈述中提出的**真值状态指派悖论**：

> （A）此方框中列出的陈述的真值不同。
> （B）乔治·华盛顿是美国第一任总统。

210　这里的悖论是这样得出的：

（1）（B）是真的。（众所周知的事实。）

（2）（A）是假的。（根据（A），（1）。）

（3）这个方框中的陈述真值一样。（根据（2）对（A）为假的规定。）

（4）两个陈述都是真的。（根据（1），（3）。）

（5）两个陈述都是假的。（根据（2），（3）。）

这里唯一可存活的方法是把 A 当作在一般语境中（语义上）无意义的而抛弃。

这种方框悖论是亨利·奥德里奇（Henry Aldrich，1647—1710）最早提出的。他提出了下面这个方框的例子。方框中只有一个句子，该句子说方框中所有句子都是假的[15]：

> 这个方框中所有表述都是假的。

另外，考虑：

> 这个方框中出现的是____陈述，它是____。

211　这里令空格处填上真（T）或假（F）。注意下面对各种可能性的探讨。

我们提供的真值是	基于此，方框中的陈述是
TT	T
TF	F
FT	F
FF	T

现在考虑一对儿断定：

　　（1）方框中的陈述按其字面理解。

　　（2）方框中陈述的两个空格填上相反的真值。

这对儿陈述显然是有问题的：没办法使它们同时为真。唯一的解决方法是否定这个悖论（默认）的前提：在这个问题的参数中，方框中的陈述有资格成为（语义上）有意义的。（但注意，这个结果完全依赖语境。如果把断定（2）中"相反的"理解为"相同的"，那么情况将会发生根本改变。）

　　另外，考虑下面展示的**方框悖论**：

> （1）这个方框中每个句子都是假的。
>
> （2）被认为是莎士比亚写的那些戏剧其实是艾萨克·
> 　　牛顿写的。

既然（1）是自相矛盾的（悖论的），它一定是假的。但是（1）的假意味着其否定必须是真的。结果，这个方框中某些句子必须是真的。既然在此方面（1）被排除在外，这意味着（2）必须是真的。[16] 显然，基于此可以"证明"任意荒谬的结论。（1）的悖论性意味着不论我们把什么放在（2）的位置上，都是"无关的"。这里，摆脱悖论的恰当方法也在于把有问题的陈述（这里是（1））当作语义上无意义的而拒绝掉。

212

　　另一个值得考虑的例子是由下面两组陈述表达的**真值错置悖论**：

A 组

1. *B* 组中大多数陈述都是真的

2. $2 + 2 = 4$

3. $2 + 2 = 3$

B 组

1. *A* 组中大多数陈述都是假的

2. $2 + 2 = 4$

3. $2 + 2 = 3$

这里使 A1 为真的唯一方法是使 B1 为真，但是使 B1 为真的唯一方法是使 A1 为假。反过来，使 B1 为真的唯一方法是使 A1 为假，但这样做的唯一方法是使 B1 为假。因此，A1 和 B1 都不能是真的。但是，根据相似的推理，A1 和 B1 都不能是假的。唯一的解决方法还是把所涉及的某些关键陈述——尤其是 A1 和 B1——当作此语境中（语义上）无意义的而抛弃。正如在前面的例子中一样，这里存在一个冲突，即问题陈述的外在（语义）状态与这些陈述的（内在）意义内容之间的冲突。这种（语境上）清晰或隐晦的自我证伪陈述也是悖论产生的沃土。这里讨论的这类联合起来无法满足的陈述组是埃舍尔绘画中的几何异象在语言上的相似物。

关于未指明对象的一般性观点，对某些事物是真的、对其他一些事物不是真的，比如"X 是暹罗猫"或者"X 是奇数"或者"X 是肯定陈述"——所谓的命题函数。具体来说，某些命题函数对它们自己是真的，比如"X 是命题函数"或者"X 是陈述模式，它可以通过一个恰当的实例而为真"。这种命题函数是自我示例的。但是现在考虑一个一般论题：

（1）X 是一个非自我示例的一般论题。

这个陈述模式是自我示例的吗？一方面，假设我们接受它是真的。那么我们有：

"X 是非自我示例的一般论题"是非自我示例的一般论题。

但是这直接使我们的假设为假了。另一方面，假设它不是真的。那么我们有：

"X 是非自我示例的一般论题"是一个自我示例的一般论题。

这与假设相矛盾。所以两个选项都是不可存活的。

关于这个**示例悖论**，逃离不一致的唯一方法是拒绝（1）自身。下面这个理念必须被抛弃："非自我示例的一般论题"所描述的是一个有意义的概念。

这个悖论与前面讨论的罗素关于谓词的**不可谓述悖论**（参见前文 pp. 173–174）非常相似。但是，鉴于所讨论的这类一般论题中"真"在主导概念"对……为真"中的关键作用（不同于"是……的谓词"与"谓词"的关系），这个悖论的命题化版本表明了其（作为包含关于"真"的相互冲突的主张的）语义悖论的地位。

10.5 序言悖论

考虑下面的情况，它定义了众所周知的**序言悖论**。一个作者的序言中其部分内容是："我认识到，由于所涉及问题的复杂本质，这本书正文中必然包含某些错误。为此我先提前道歉。" 显然这是一则很平常的免责声 *214* 明，但其中有某些悖论性的东西，因为这个潜在的真值主张的集合（联合起来）是不融贯的。正文中的陈述被完全断定了，因此被当作真的，而序言中的陈述认为其中有些是假的。尽管承认联合起来有错误，但是仍然主张有各自的正确性。我们的作者显然无法做到两全其美。[17]

为了澄清这种情况，令 T 为正文中陈述的合取的缩写，令 P 为序言中陈述的合取的缩写。基于此，我们直接就可以构造作者声明的疑难本质。因为我们有下面两点：

（1）T，即"T 是真的"，等同于"T 的所有部分都是真的"。

（2）P，即"某些（T 的未详细说明的部分）是假的"。

这里有些东西需要让步。但是我们如何解决这个困惑呢？

可能看待这件事的最明智的方法是这样的：我们的作者在其序言中通过 P 的概要作用突出了 P，使其优先性高于 T。因此，在复合整体中，必须接受 P 而抛弃 T〔但是，T 的可信性给我们足够多的动机去抢救，使得我们可能会为正文 T 加上（本来是默认的）预设："下面的陈述除了少部分之外都是真的。"〕接下来的后续过程就可以决定哪些未被识别的陈述是假的了。

可信性主张这个理念为作者身份带来了一种很少被开发的前景。因为按照可信性模式提出其主张的作者，可以试探性地表达其观点，而不必把他们的断定当作对"真"的范畴性主张。最后，他们不需要特别关心如 *215* 何保持其陈述的一致性。偶然不一致的预期不会使他们感到不安。他们不需要把一致性当作**小心眼的妖怪**，而是要把它当作可怕的和过分谨慎的心智，在追求真和信息的过程中有点神经质地不愿冒风险去犯错误。

他们对信息管理的过度自由的政策会使这些作者面临下面的风险：为了确保他们保留的足够多而保留过多。假定我们是有限的生物，如果我们不愿冒犯错的危险，那么对于真的追求是无法实现的。在这些作者看来，对偶然且有限制的不一致的预期并没有构成额外的因而更严重且更不详的威胁。按照他们的观点，不论是认知的自尊还是认识的可信度都不要求不惜一切代价保持一致性。在追求真的过程中，一致性是一项重要资产，但并不是绝对的、不可否定的要求——范畴性要求。

但是有些作者公开且明显地持有此观点。他们直截了当地提醒他们的读者准备好应对偶然的不一致。但确实没有令人信服的认知理由来说明，为什么不应该有更多的人这样做。坦率地说，他们确实应该公开承认他们的策略立场，并把**顾客须知**篆刻在他们的标题页上。

语义悖论都根植于两类错误中。一方面，对某些特殊的陈述来说，存在着成功引入原则（SIP）所禁止的那类识别性的自我指称；另一方面，对一般陈述来说，在被疑难前提拒绝的群组中存在自我包含。"这个陈述是假的"是前一种问题的典型例子，而"这本书中所有陈述都是假的"是后一种问题的典型例子。对象（在特殊例子中）的无效引入以及（在一般情况下）通过自我非难来自动破坏，都是导致语义悖论的主要方式。

注释

[1] 参看 Ashworth 1974，pp. 102－103。

[2] 参看 Prantl, *Geschichte*, vol. IV, p. 37, pp. 145 and 146；以及 G. E. Hughes, *John Buridan on Self-Reference*（Cambridge：Cambridge University Press，1982），pp. 51, 58。也可参看 Norman Kretzmans and Eleonore Stump, *The Cambridge Translation of Medieval Philosophical Texts*, vol. I, *Logic and Philosophy of Language*（Cambridge：Cambridge University Press，1988），pp. 342－343，萨克森的阿尔伯特的讨论。正如中世纪把它看作不可解的一样，它不只是诡辩，而且尤其是提出了一个真值不定的命题，即这个命题有结构上等价的证明可以把它归为真的和假的。

　　确切地说，因为**不可解**并非真正外在于可解——确实，讨论这些问题的作者都提出了解决方案——文艺复兴时期的作者喜欢西塞罗的一个术语：**费解的**，当然这个术语也有它自己的问题。（参看 Ashworth 1974，p. 114。）

　　［3］威尼斯的保罗（Paul of Venice）说一个不可解难题只是一个**语词命题**（*propositio vocalis*），但不是真正可交流的语词命题（*propositio scripta vel mentalis improprie dicta*）；Prantl，*Geschichte*，vol. IV，p. 139 n569）。

　　［4］Paul，*Geschichte*，vol. IV，p. 37 n146.

　　［5］苏格拉底说的是假的、虚无的。（Prantl，*Geschichte*，vol. IV，p. 139 n569.）中世纪后期一个普遍认可的学说是：悖论性陈述不是恰当的命题，因此不能被归为真的或假的。（后来对这个方法的背书，请参看 Ashworth 1974，p. 115。）因此，后来的作者不把不可解难题当作命题而是当作"不完美的断言"（*orationes imperfectae*）而不予考虑。

　　［6］Aristotle，*Soph. Elen.*，180a35；*Nicomachaean Ethics*，1146a71. Prantl，*Geschichte*，vol. I，pp. 50−51. *Si dicis te mentiri verumque dicis，mentirs.* （Cicero，*Academica priora*，II，30，95−96；and compare，*De divinatione*，II，11. ）

　　［7］不只是亚里士多德和西塞罗讨论这个问题，斯多亚学派也讨论这个问题（Prantl，*Geschischte*，vol. I，p. 490）。在中世纪不可解的疑难中被广泛讨论的主要就是它。参见 Prantl，*Geschichte*，vol. IV，pp. 19，41。

　　［8］有些古希腊哲学家写过关于说谎者悖论的论述，其中主要包括亚里士多德学派的泰奥弗拉斯托斯（Theophrastus）和斯多亚学派的克吕西波。参看 Diogenes Laertius，*Lives of Eminent Philosophers*，V49 and VII 196。据说，诗人科斯的菲勒塔（Phietas of Cos）为这一困惑而烦恼，致使自己过早离世。而其著名之处在于甚至圣保罗也提到过它，参看《提多书》I：12−13。关于说谎者悖论的这个历史的详细讨论，参看 Alexander Rüstow，*Der Lügner：Theorie，Geschichte，und Auflösung*（Leipzig：B. G. Treubner，1910；reprinted，New York：Garland，1987）。

　　［9］这种反常情况产生了一个喜剧变体："野兽国王"，当他说"我是狮子"的时候，他无法使自己相信这是真的。也可参看 Martin Gardner，*Aha！Gotcha*（San Francisco：Freeman，1982），pp. 4−7。

［10］Rüstow 1908，pp. 114－116. 对这个问题的现代分析，请参看 Barwise and Etchemendy 1987，以及 Martin 1990 and Martin 1993。

［11］对此哥德尔曾经强调过，同上。

［12］这个陈述显然是一个概括。根据它自身的断定，它有例外。但是有例外的概括是假的。因此，如果它是真的，那么它是假的——根据它自身的明确内容是假的。

［13］这个悖论归功于萨克森的阿尔伯特，参看 Kretzmann and Stump 1988，p. 353。

［14］参看 William and Martha Kneale，*The Development of Logic*（Oxford：Oxford University Press，1985），p. 228。这个悖论的另一个版本是想象一张卡片，卡片的每一面都写着一个句子。一个句子是"本卡片另一面的句子是真的"，另一个句子是"本卡片另一面的句子是假的"。

［15］Henry Aldrich，*Artis logicae compendium*（London，1691）. 参看 Ashworth 1974，pp. 18，114。

［16］这个悖论本质上归功于 Popov and Popov，*Dodkalny Mathenalizy*，1996。这个索引要感谢 Alexander Pruss。

［17］关于序言悖论，参看 A. N. Prior，"On a Family of Paradoxes，" *Notre Dame Journal of Formal Logic*，vol. 2（1961），pp. 26－32。也可参看 D. C. Makinson，"The Paradox of the Preface，" *Analysis*，vol. 25（1965），pp. 205－207。

第十一章
考虑的悖论

- 含混证据悖论
- 二心悖论
- 彩票悖论
- 亨普尔的乌鸦悖论
- 古德曼的绿蓝/蓝绿悖论

第十一章 归纳悖论 （概率与证据的冲突）

11.1 证据的非决定性

悖论的一个重要来源由这样的证据情境构成：其中的认知问题如此复 *219* 杂和棘手以至于它们的结论是非决定性的。我们发现自己面对一系列主张，其中很多都有大量的支持和证据，但联合起来却是不一致的。现在该得出什么结论成了一个问题。

例如，当一个可信的证人或信源声称 p，而另一个声称非 $-p$ 时，就会出现这种证据冲突的情况。又或者一项证据资料支持 p，而另一项支持非 $-p$。比如，当我们想确定一个人的身高时，被告知她擅长体操（大多数好的体操运动员相当矮）和篮球（大多数篮球能手都特别高）。

归纳推理的一个可信原则是：如果现有的证据 （E） 为某个结论 （C） 提供了有力的归纳支持 （⇒），那么这个结论可以通过肯定前件的推理模式而推出：

（MP） E⇒C

E

─────────────

∴ C

然而，当我们所掌握的证据不具有决定性，使得两个互不相容的结论 *220* 都可能从中合理地推导出来时，就会出现矛盾心理——就像在侦探故事中，既有充分的理由怀疑游手好闲的侄子是凶手，也有充分的理由怀疑不速之客是凶手。这样的案例构成了如下形式的**含混证据悖论**：

（1）如上所述的原则 MP

（2）E_1 和 E_2 含混证据的集合体

（3）$E_1 \Rightarrow C_1$ 假设

（4）$E_2 \Rightarrow C_2$ 假设

（5）C_1 根据（1），（2），（3）

（6）C_2 根据（1），（2），（4）

（7）（6）与（5）矛盾   普遍情况下的逻辑事实

其中 $\{（1），（2），（3），（4）\}$ 是不一致的四元组。现在（2）是给定的事实（由假设），（3）-（4）是由问题的定义规定确定的。因此我们有这样的优先性：$[（3），（4）] > （2） > （1）$。由此，要打破不一致的链条，恰当的连接是（MP）原则。事实上，它不是最应该被直接接受的有效原则，而只是一个归纳推理的可信规则，只有在缺乏反例的情况下适用，而不是我们当前面临的这些情形。

这个例子也传达了另一个教训。人们有时会说，当看似可接受的前提通过看似有力的论证，得出看似不可接受的结论时，就出现了悻论。[1] 但 *221* 这里的例子表明，我们可以直接说有效的论证。因为"看似有力的论证"总是可以转化为又一个"看似可接受的前提"——正如这里的第（1）步所做的那样。

11.2 自我欺骗

人们不仅有时候被他人欺骗，人们也能在各种事情上欺骗或迷惑自己，比如认为自己是好司机。（悻论的是，大约 80% 的司机认为他们开车比普通司机更好。）尽管看起来有些奇怪，但可以肯定的是，在有些问题上人们不可能欺骗自己。例如，一个人不能自欺地认为：

- 自己是容易自欺的。
- 自己有时会犯错。

此时"自欺"恰好会证实正在讨论的问题。

当我们自己举棋不定，而非证据没有决定性时，就会发生自欺。它包括，在一个思想框架或思考阶段中接受某件事情，在另一个中拒斥它而又不承认不相容性。[2]其结果是在某件事情上"怀有二心"，所以在这里"X有意拒斥 p"和"X愿意接受 p"是可以同时适用的论点。**二心悖论**的结果大致是这样的：

（1）X接受 p（基于某些考虑）。

（2）X拒绝 p（基于其他考虑）。

（3）X是完全理性的人，让自己的信念保持相容和一致。

这里摆脱不一致的可用方法只有两个：　　　　　　　　　　　*222*

抛弃（1）或（2）。认为某人"拒绝"命题 p，就不能在下一刻又认为他"接受"此命题。反之亦然。

抛弃（3）。拒斥这样的想法：陷入这种矛盾情形的某个人还是完全理性的。

因此，有两条消解悖论的途径：人们可以放弃这样的想法，即"接受"／"拒绝"的划分必须使这两种立场相互排斥。或者，人们可以放弃这样的想法：理性必须被理解为任何存心"接受"矛盾的人都不可能有资格看作理性的。在引入接受**为真的**和接受**为可信的**对比的过程中，我们试图通过谨慎和有限制地支持第二种选择来解决这个悖论。

11.3　彩票悖论

概率提供了评价可信性的一种可能途径。但在这里，我们也必须承认并容纳在疑难情形中可能出现的纠缠。毕竟，掷骰子时，任何一个**具体**结果不出现都是有可能的。但其中之一必定出现。这就意味着我们不能用概率作为接受为真的基础，因为"真"不承认矛盾，因此注定不能有悖论。然而，向可信性转变避免了这类问题，因为可信的东西与"真"不同，不必相互一致。

让我们从所谓的彩票悖论的角度来考虑这种情况。[3]假设有 100 张彩票，分别标记为 1，2，3，…，100。此时，每种结果都只是"百里挑一"，都概率很小。因此，如果我们有以下多种结果：　　　　*223*

$O(i)$ ＝彩票开奖的结果是 i。

那么对任何一个**具体**结果的断言都明显不太可能。（我们可以通过让彩票数变成一千张甚至一百万张，使这一点更加明显。）

现在，如果我们用高概率作为我们坦率接受的指导，那么显然我们会系统地接受"非 $O(i)$"，对任何具体的 i。这直接导致悖论。因为一方面，我们现在接受：

$X(i)$ ＝非－$O(i)$，其中 i 的值遍历 1，2，3，…，100。

但另一方面，我们也必须接受：

$X ＝ O(1) \lor O(2) \lor \cdots \lor O(100)$。

这反映了 100 个相关结果的界限。毕竟，某个结果**必定**出现，所以，这个析取式完全是真的。但现在所有 101 个断言的总体——X 加上所有的 $X(i)$——在逻辑上是不一致的。因此，我们肯定不能把所有论题都接受为真。但如果我们对每个 $X(i)$ 的"接受"只是接受为**可信的**（不像 X 本身那样），事情就很不一样，因为这种可信性不一定是常数。

教训是，我们可以接受概率足够高的命题为**可信的**，而不是**真的**。

当然，一种疑难性的情境仍然存在。但我们现在可以从我们的通用方法论角度来处理它。由此，考虑：

1. 疑难簇：$\{X(1)，X(2)，\cdots，X(100)，X\}$

2. 极大一致的子集：$\{X(1)，X(2)，\cdots，X(100)\}$，加上 100 个具有下述形式的集合 $\{X，X(1)-X(100)\}$ 中恰好减掉一个。

3. 接受选项：X，$X(1)-X(100)$ 中减掉某个 $X(i)$ 这 100 种可能性，以及 $X(1)-X(100)$。

4. 优先性排序：$X > [X(1)，X(2)，\cdots，X(100)]$

5. 最优解：所有正好排除一个 $X(i)$ 的 R/A-选项的析取式。

这里，我们仍然像往常一样，希望找出其中的薄弱环节来打破"不一致的链条"。但不幸的是，这个例子中的情况不允许我们对这些可信的论题 $X(i)$ 做出区分，它们——在所有可见的方面——都处于同样的水平上。除了认识到至少一个 $X(i)$ 必定是假的，对这个悖论的任何更确切的消解都是行不通的。在一种选项和另一种选项之间做选择的细节仍然是不确定的，因此对该疑难的这种消解再次代表了对不可消除的选项非决定性的析取。

11.4　亨普尔的乌鸦悖论

　　围绕归纳推理中的一个难题，涌现了大量的文献。这个难题就是C. G. 亨普尔 1946 年首次提出的所谓"乌鸦悖论"。[4]它根植于这样的演绎逻辑事实，"所有 X 都是 Y" 在相互推出的意义上等价于其逆否命题"所有非 Y 都是非 X"。因此，"所有乌鸦（R）都是黑的（B）"演绎地等价于"所有非黑的物体（非 B）都是非乌鸦（非 R）"。现在的问题是：给定这种等价性，为何在归纳情形中，人们更倾向于将黑乌鸦而非白色的网球鞋接受为最初的规律性概括的确证实例呢？

　　这里的情况是，我们面临如下的疑难簇：　　　　　　　　　　　　　*225*

　　　　（1）论题（H_1）"所有乌鸦都是黑的"和（H_2）"所有非黑的东西都是非乌鸦"陈述的是逻辑上等值的假设。

　　　　（2）如果两个假设是逻辑上等值的，那么任何确证其中一个的数据都必定也确证另一个而且确证的程度也相同。

　　　　（3）一只黑乌鸦会（在某种重要程度上）确证 H_1，而与此类似，一只非黑的非乌鸦（例如一只白鞋子）同样地（在某种重要程度上）确证 H_2。

　　　　（4）然而，一只白鞋子不会确证 H_1（或至少不会在某种值得提及的程度上确证）。

显然，这些论题是不一致的，因为（1）-（3）衍推（4）的否定。

　　既然（1）是没有任何问题的逻辑事实，而（3）和（4）代表了归纳思想的基础直觉，那么引起我们怀疑的就是论题（2）。优先性为（1）>［（3），（4）］>（2）。因此，作为适当的解决方案，我们得到的 R/A-选项为（1），（3），（4）/（2），此解决方案显示的最佳优先性配置为 {1，1，0}。

　　但有什么理由认为（2）是链条中的薄弱环节呢？让我们更仔细地考

察这个问题。

考虑下面这种文恩图所表示的情况，有助于澄清问题：

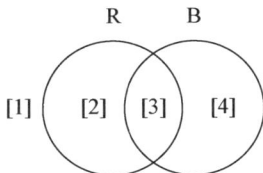

R B

[1]   [2] [3]   [4]

226 这里的区域代表了不同的对象类。具体来说，R 是乌鸦，B 是黑的东西。显然［2］为空——这相当于说"所有 R 都是 B"——可以通过两种方式得到等价的证实，一种是 R ＝［2］＋［3］，而又只遇到了［3］，另一种是非 B ＝［1］＋［2］，而又只遇到了［1］。在每种情况下，我们都只是监视了［2］为空。似乎没有逻辑-理论的理由给予其中一种方法优于另一种的地位。

但这里的表象是有误导性的。因为两种方式在证实 H_1 方面有关键的信息差异。要通过"自然"的方式（通过 R）来检验［2］为空，意味着选择 R ＝［2］＋［3］，并检验它们的颜色。要通过"非自然"的方式（通过非 B）来建立同样的结论，意味着选择非 B ＝［1］＋［2］，并检查它们的类型。

但需要注意，这些区间的大小是非常不同的。［2］＋［3］构成的 R 或许数以 n 百万计，但［1］＋［2］构成的非 B 却大得难以数计。因此，一个符合要求的［2］＋［3］的成员（即，像黑乌鸦这种［3］中的成员）为确定"所有乌鸦都是黑的"做出了几百万分之一的贡献。但一个符合要求的［1］＋［2］的成员（即，像白鞋子这种［1］中的成员）为确定"所有乌鸦都是黑的"所做的贡献只有难以数计分之一。

因此，在两种证实策略之间，存在显著的证据差异——在归纳语境中，这将黑色的乌鸦和白色的网球鞋放在了完全不同的平面上。向我们传递一只得到证实的黑乌鸦的人，对整个证实项目做出了适量但非微不足道的贡献。而一只白色的网球鞋的贡献，尽管不是零，却也微乎其微。

所有这些考量都表明，论题（2）是这不一致链条中的薄弱环节。认为黑乌鸦和白鞋子在证据上确认的贡献一样，这事实上就是错的。论题

［2］中的从句"确证的程度相同"也就是错的。逻辑上等值的普遍命题的确是归纳上等值的，但这并不是说它们的**示例**具有相同的证据力度。

11.5　古德曼的绿蓝/蓝绿悖论

1953 年，尼尔森·古德曼（Nelson Goodman）在一篇颇有影响力的文 *227* 章中给出了一个关于归纳推理理论的难题，在接下来的几年中，它引出了大量的文献。[5] 这个难题基于一对儿截然不同的颜色概念：

绿蓝 = 如果在时间点 t_0 之前检查，是绿色；如果在那之后检查，则是蓝色。（t_0 是某个任意的未来时刻。）

蓝绿 = 和上面一样，只不过绿色和蓝色互换。

古德曼注意到，如果我们在**这种**颜色（或"绿蓝色"）分类法的基础上做归纳推理，我们似乎会为下面这个论题找到极好的归纳支持：所有翡翠（在 t_0 之后）最终都具有我们通常用"蓝色"来描述的外观——因为迄今检查的都是绿蓝的。在此基础上，我们"通常"的归纳期待完全让人困惑，而我们从一种非常不休谟的观点出发，到达了休谟式的结论。[6] 自然变得不可预测。

各种考虑将这个问题标记为归纳悖论，这比人们最初以为的更加深刻：

1. 任何数量的经验证据都不能将绿蓝/蓝绿这种"反常"的颜色分类与通常的绿色/蓝色分类区分开。经验证据在事物的本质上与过去或现在有关，而（据推测）在这里没有区别。

2. 绿蓝和蓝绿都明确地提到了时间（t_0），对此我们不能反对，因为只是从我们自己的狭隘立场上才显得如此。从使用绿蓝-蓝绿的 *228* 人的视角看，**我们的**颜色分类才是依赖于时间的：

绿色＝在 t_0 之前检查而且是绿蓝的，或者没有在 t_0 之前检查并且是蓝绿的。

蓝色＝在 t_0 之前检查而且是蓝绿的，或者没有在 t_0 之前检查并且是绿蓝的。

没有任何视角在证据上享有特权。从**他们的**视角看，这里的情形是完全对称的，就任何基于普遍原则的理论反驳来说，大家都是半斤八两。因此，这里的情况看起来是，我们的颜色谈论和绿蓝-蓝绿者的谈论完全对称，没有任何理论上的优势来对我们之间的分歧做出判决。

面对这种平行，古德曼本人实际上放弃了在**理论的**普遍原则的基础上寻找优先选择的基本原理。相反，他诉诸"语言学防御"这种本质上的实践因素。由此，关键的考虑在于这样的事实：风俗和习惯已经预先解决了这个问题，它们支持我们熟悉的颜色用语。并非是绿蓝/蓝绿，而是蓝色/绿色这样的描述符，在我们实际的交流实践中占据着牢固的位置。然而，很少有评论者认为这种只诉诸习俗的消解方案是令人信服的。[7]

让我们从当前的路径出发，重新审视这个悖论。实际上，它促使我们关注两个相互冲突的全称断言：

(A) 所有翡翠都是绿色的。

(B) 所有翡翠都是绿蓝的。

229 现在考虑如下的疑难簇：

(1) 已有的证据对 A 和 B 同样有利（因为就我们的观察性证据而言，每一个都由完全相同的支持性案例确认——而且是同样地确认）。

(2) 已有的证据对其同样有利的那些陈述是同样可信的。

(3) A 是高度可信的。

(4) B 不是可信的。

(5) (3) 和 (4) 是不相容的。

古德曼本人实际上认为（1）是这里的薄弱点，由此来消解这个谜题。因为，正如刚刚指出的，他认为概括的证据取决于（这个概括由之构成的）谓词的语言学"防御"。在此基础上，古德曼的关键考虑是："绿色"是被广泛使用的、为人熟悉且习惯的概念。对古德曼来说，归纳推理的原则是"通过与我们的归纳实践相一致而被证成的"——演绎推理原则也类似。[8]古德曼将这种与实践的相一致刻画为"防御"，而在此方面，"绿色"轻易地就胜过了"绿蓝"，因为，很明显，作为无数先前推测（预测）的主题，"绿色"有更令人印象深刻的传记。我们可以说，谓词"绿色"比谓词"绿蓝"**防御**更好。[9]

　　但是，这种方法的基本问题——同时也是大多数理论家认为它不令人满意的原因——是：这种惯常的"防御"似乎不能承载建立在其上的结构的重负。因为这里的关键显然不只是一个谓词得到防御这个事实，而是更深层的问题，即**为什么**它得到防御。这不只是习惯问题，而是在应用中的更大效用和功效的问题，正是基于此，理性共同体的习俗才最终得以成型。　　　　*230*

　　然而，尽管有问题，古德曼的总体分析肯定在朝着正确的方向发展。考虑我们的疑难簇 ｛（1），（2），（3），（4）｝。这里（2）实际上是不容商议的归纳理性原则。而（3）和（4）是"日常事实"，我们没有选择，而只能按字面意思来接受。我们因此得到这样的优先性排序：（2）>［（3），（4）］>（1）。因此，论题（1）以及有问题的假设［即证据只依赖于已有实例的数量（而非质量！）］是最易受到攻击的论点。[10]而且，无论人们是否赞同古德曼对（1）的脆弱性的**根本原因**进行的诊断，是否对他关于这种情形的原因分析保持怀疑，事实仍然是（1）是这里的论证装甲中最薄弱的裂缝。[11]

　　对这些例子的考察表明，在其他地方使用的悖论分析的一般方法同样适用于这些证据和归纳的情况。在此，我们也遇到了疑难性的过度承诺，它可以被消解——只要这种消解是可能的，方法是考虑可信性，以此来识别产生疑难困惑的不一致循环中最薄弱的成员。注意那些支持对可信性进行比较评估的考虑，可以证明是非常有用的。

　　在这里有一个重要的观点值得强调。我们考虑过的各种缺陷——模糊性、含混、未被证成的预设、有问题的自指、反事实的歧义性、证据的脆弱性，等等——不能保证有悖论，正如蒙着眼睛过街不能保证有车祸一样。但它们都是危险因素：它们向悖论发出了太容易被接受的邀请。无论这些因素在哪里出现，我们都有必要发出"小心薄冰！"的警告。

注释

［1］例如，参看 R. M. Sainsbury, *Paradoxes*, 2nd ed（Cambridge：Cambridge University Press, 1995），p. 1。

［2］关于自欺的悖论方面，参看 T. S. Champlin，*Reflexive Paradoxes*（London：Routledge，1988），pp. 10－23。

［3］关于这个悖论，参看 Henry Kyburg，*Probability and the Logic of Rational Belief*（Middletown，CT：Wesleyan University Press，1961），L. J. Cohen，*The Probable and the Provable*（Oxford：Clarendon，1977），以及 Robert Stalnaker，*Inquiry*（Cambridge，MA：MIT Press，1984）。也可对比前文 pp. 52－53。

［4］C. G. Hempel，"A Note on the Paradoxes of Confirmation," *Mind* 55（1946），pp. 79－82. 也参看 Rudolf Carnap，*Logical Foundations of Probability*，pp. 223－224。

［5］参看 Goodman 1955，尤其是 Stalker 1999。

［6］如果"大的改变"是以逐渐的、不易察觉的方式进行的，那情形就相当不同了，就像我们对事物过去的样子的记忆在缓慢地变化，或缓慢地调整，而没有什么猛烈的冲击。因此对差异的回忆也会在影像翻转实验中慢慢消退。那时我们仍然会在旧的基础上做出归纳投射，例如，草仍然会被描述为**绿色**，即使它"真正"看起来是蓝色的。

［7］关于反对意见和相应立场的综述，参看 Henry E. Kyburg，Jr.，"Recent Work on Inductive Logic," *American Philosophical Quarterly*，vol. 1［1964］，他用这样的观察来总结自己的讨论："找到一些方法来区分'绿色'和'蓝色'这样有意义的谓词和古德曼、巴克等人提出的古怪谓词，这无疑是最近的归纳逻辑讨论中最重要的问题之一"（p. 266）。

［8］参看 Goodman 1955（3），p. 63。

［9］Ibid.，p. 94.

［10］注意，（1）的弱点在于，它所求助的等量支持，使它和亨普尔的乌鸦悖论具有相同的缺陷。（参看 pp. 224－226。）

［11］参看 Stalker 1999。

第十二章
考虑的悖论

- （各种）反事实假设的悖论
- 归谬法类型的悖论
- 对角线的不可通约性
- 汤普森的灯悖论
- 实际不可能类型的悖论

第十二章　假言推理的悖论 （与接受的信念相冲突的设想问题）

12.1　假设和伯利原则

到目前为止，关注点一直在下面语境中出现的悖论，即保留和抛弃之间的选择取决于证据的可证性考量与概念的强制性在多大程度上说明了相关争论的真实性或可信性。但我们现在要处理的是假定——设定、设想或假设——语境，在此对实际真相的主张被放在一边，怀疑也被搁置。当一项声明以这种方式被规定时，它就因此获得一个优先地位，使它独立于且无关于任何其他方面能或不能支持它为真的迹象。由于它们的这种地位，假设在我们的推理中获得了一个自动的优先性。不论喜欢与否，我们都能从容应对，并把最好的和大部分的东西都放在那个基础之上——至少现在如此。[1]

"假如拿破仑留在了厄尔巴岛，滑铁卢战役就永远打不起来"，遵循这种路线的"反事实条件句"，**实际上是从前件引出后件的条件句，其中的前件代表了与信念相抵触的假设**。[2] 因此，任何这样的条件句都将表现出通常在疑难情境中出现的同样的问题和困难。因为事实是，在主流信念的背景下，**反事实假设总是悖论性的**。[3]

我们的信念之间的相互联系是这样的：信念相抵触的假定总是在 B_1，B_2，$\cdots$，B_n 这样一类更广泛被接受的信念范围内起作用，使得当其中之一（为了表述简单，比如说 B_1）由于其否定是假设所接受的而必须被放弃时，剩下的组合 $\sim B_1$，B_2，$\cdots$，B_n 仍然是不一致的。其原因在于**事实的系统完整性**这一逻辑原则。假设我们接受 B_1。然后令 B_2 是我们断然拒绝的另一种主张——这时我们接受的是 ~B_2。既然我们接受了 B_1，我们当然也会接受 $B_1 \lor B_2$。但是现在考虑一下被接受的这组命题：B_1，$B_1 \lor B_2$，~B_2。当我们丢掉 B_1，而将 ~B_1 放入其中，我们得到 ~B_1，$B_1 \lor B_2$，~B_2。这个组仍然是不一致的。

事实组成了一种**紧致的**结构，这是对数学家所使用的这个术语的比喻性用法。每个可确定的事实都是如此彻底地包围在其他事实之中，以至于即使我们抹掉它，它也总能根据其他事实恢复过来。事实的织物编得密不透风。然后假设，我们在事实的描述性成分中只做了非常小的改变，例如，在河边加了一块鹅卵石。但那是哪块石头呢？我们从哪里得到它的，又将在它原来的地方放入什么？而且，我们要将被这新增的鹅卵石取代的空气或水放在哪里呢？当我们把那些材料放在新的地点，我们又如何为它们腾出空间呢？我们又如何为被取代的材料腾出空间呢？而且，新的鹅卵石所在的六英寸范围内原来有 N 块石头。现在有 $N-1$ 块。那么我们说哪

个区域有 $N-1$ 块石头呢？如果那是远方的区域，那么鹅卵石是怎么从那里来到这里的呢？通过神奇的瞬间转移？是一个小男孩捡起来扔过来的？那么是哪个小男孩呢？他是怎么做到的？如果他把它扔了，那么因他这一扔而扰乱的空气又会怎样呢？这里的问题是没有尽头的。

在物理构成的现实中，每一种假设的变化都会引起物理构成的现实或者自然律发生巨大的物理变化。例如，想象中的电磁、热和引力场的结构是怎样的呢？考虑到这块鹅卵石的消除和/或移动，它们是如何保持不变呢？如何在这里重新调整以保持一致性？或者我们是通过改变基本的物理定律来实现的？

这样的讨论表明，我们不可能在现实的构成中做出假设的再分配，而不引发无穷无尽的问题。而且不仅仅是**重新分配**会带来问题，甚至只是**擦除**，只是取消也会带来问题，因为现实就是这样的，它们需要紧随其后的重新分配。如果假设我们把那本书从书架上拿走，那又是什么在支撑其他书呢？它最先消失于生产它的哪个阶段？如果它在一分钟前就消失了，那么物质守恒定律又会怎样呢？那么，在那本书现在占据的空间中的物质又是从哪里来的呢？我们又一次踏上了无尽的旅程。

事实的紧致性意味着，它们是如此紧密地交织在一起，以至于形成了

一个相互连接的网络。任何地方的任何变化都影响每个地方。这种情况是老生常谈。在影响深远的《论义务》[4]中，中世纪的经院哲学家瓦尔特·伯利（Walter Burley，约1275—约1345）就已经定下了这样的规则：**当一个假的偶然命题被假定时，人们可以证明与之相容的任何假命题**。他的推理如下。假定这事实是：

236

（P）你不在罗马。

（Q）你不是主教。

当然，现在也有：

（R）你不在罗马或者你是主教。（P 或者非 $-Q$）

我们假定，所有这些都是真的。让我们用一个（错误）假定的方式来设想：

非 $-(P)$：你在罗马。

显然（P）现在必须被抛弃——"根据假设"。但是根据（R）和非 $-(P)$，我们得到：

你是主教。（非 $-Q$）

但考虑到论题（Q），这当然是假的。因此我们就得到了非 $-Q$，其中 Q 是**任意的真命题**。

很显然这种情形普遍存在。令 p 和 q 为两个（任意但不等价的）事实。那么，所有如下的事实当然也成立：$\sim(\sim p)$，$p \& q$，$p \vee q$，$p \vee \sim q \vee r$，$\sim p \vee q$，$\sim(\sim p \& q)$，等等。让我们只聚焦于其中三个已有事实：

（1）p

（2）q

（3）$\sim(\sim p \& q)$，或等价地，$p \vee \sim q$

现在，令你想假设的为非 $-p$。当然，你必须将（1）从已接受的事实清单中删除，而替换成：

（1'）$\sim p$

但还没完。因为这个新对象与（3）一起导致 ~q，并与（2）相反。因此，我们的与已接受事实相反的假定（即，非 − p）具有的直接后果是：**任何其他真理也必须被放弃。**

237   在此基础上，伯利原则具有深远的影响。就其逻辑而言，你不能在不危及一切的情况下改变任何事实。一旦你开始了一项与事实相反的假定，那么就纯粹的逻辑而言，一切就结束了。没有任何东西是安全的了。要保持一致，你必须修改整个事实的织物，那意味着你要面对一项相当大的任务。（这是人们在推测其他可能世界时很容易遗忘的事情。）

事实是，**所有的反事实命题都是语境上不明确的。**因为一旦我们在 p 已经成立的语境中假设非 − p，我们就会开启一系列无穷尽的未决选择。令我们接受 p，那么对于任意的 q，我们也会承诺 $p \lor q$。再令我们接受非-q，那么我们（根据假设）坚持承诺的是：

$$p$$
$$p \lor q$$
$$非 − q$$

但是，既然 p 替换成了非 − p，第一个论题就被否定，我们不得不拒斥后两个中的一个。但逻辑本身并不能告诉我们该走哪条路。就这一点而言，情况是完全不明确的。当出现不一致时，逻辑能做的事情只是坚持必须恢复一致性。它不会告诉我们该**怎么**做。这要求某些完全超出逻辑的资源。

事实总是如此。如果我们假定，比如说"拿破仑在 1921 年死掉"，那么我们必须在两种情形中做出选择，保持他的年龄（因此让他出生于 1769 年）和保留他的生日（因此说他活了 152 岁）。这里关于反事实条件句本身没有提供任何向导。在这一点上，这里的情形是完全有歧义和不确定的：我们在施行反事实假定方面完全是两眼一摸黑。要确定事情是这样或那样，从而消除歧义，我们需要额外的、超出假设的信息——一种让我们能够在所面临的不同选项中做出选择的优先权和优先性排序机制。让我们看看这类程序在反事实条件句的语境中是如何实现的。

238

12.2　反事实条件句

考虑反事实条件句："假如字母 A 和 B 是不可区分的——比如说两者都像 X，那么随机序列 *ABBABAAAB*……将会成为统一的序列 *XXXX*……"该情形产生了如下的悖论：

（1）给定的 $A-B$ 序列不是统一的。（已知事实。）

（2）A 与 B 是不可区分的。（问题限定的假设，与我们认识到的 A 事实上可以与 B 区别开来相矛盾。）

（3）这个序列是统一的。（给定（2），**每个** $A-B$ 序列都是统一的。）

既然（2）的结论（3）与（1）矛盾，那么 {（1），（2）} 组成的有序对代表了一个疑难的二元组。但由于（2）是问题限定的假设，具有优先性，（1）必须给它让位。于是，我们得出了所考虑的反事实条件句。

此外，在下面的条件句语境中考虑更复杂的反事实推理的情况："假如这根棍子是铜制的，它就会导电。"这里的情况如下：

（1）这根棍子是木头做的。

（2）这根棍子不是铜做的。

（3）木头不导电。

（4）铜导电。

（5）这根棍子不导电。

现在引入对（1）做出修改的假设：

（6）这根棍子是铜制的。

那么要如何恢复一致性呢？

注意，我们最初的假定可分为两组：普遍规律（3）、（4），特定的事 *239*实（1）、（2）、（5）。当（6）作为问题限定的假设被引入时，作为其结果，我们当然不得不放弃（1）和（2）。但那仍然没有恢复一致性，因为（6）和（4）仍然会产生非-（5）。然而，前述的标准策略是：**在反事实**

的语境中优先考虑诸如规律这样的普遍原则，**而非具体的事实**，这就导致了如下的优先安排：［(3)，(4)］>(5)，这意味应该被抛弃的是(5)，而不是(4)。我们因此得到一个自然地拒斥(5)的反事实条件句：

- 假如这根棍子是铜做的，那么它就会导电（因为铜导电）。

而不是"非自然"的拒斥(4)的反事实条件句：

- 假如这根棍子是铜做的，那么铜就不会导电（因为这根棍子不导电）。

然而，为了形成对比，假设我们采取了激进的步骤，考虑改变自然律结构的假设：

(6') 木头导电。

当然，在做出这个问题限定的假设之后，我们现在不得不放弃(3)。但这还不够，因为(6')和(1)也将产生非-(5)。然而，在这一点上，我们必须诉诸这个原则：**在反事实的语境中，关于构成模式的特殊陈述优先于关于行为模式的特殊陈述。**[5]而这意味着优先性排序将是：(6')>(1)>(5)。因此，又是(5)应该被抛弃。我们因此得出"自然"的反事实条件句：

- 假如木头导电，那么这根棍子就会导电（因为它是用木头做的）。

而不是"不自然"的反事实条件句：

- 假如木头导电，那么这根棍子就不会是木头做的（因为它不导电）。

由于在这种情况下，**替代**结果总是可能的，于是对这种情况的逻辑分析本身就不足以消除内在于反事实情形的基本的不确定性。我们再次需要一个优先权和优先性的原则来阐明，在发生冲突时必须让步的是什么。

注意，上面(A)和(B)之间的选择让我们在放弃自然规律（"铜导电"）和重新调整特定物体（那根棍子）的特征之间做出选择。遵循在假设之后将环境变化范围最小化的策略，我们显然会选择后者。

正如第三章所指出的，在事实语境中，优先性的一般策略是既定事实优先于其他经过良好确认的概括。在这里起作用的是一种对特殊性的偏好。但在**反事实**语境中，这种优先性顺序颠倒了。当我们玩弄世界的事实的时候，我们至少需要保持其规律的安全。因此，标准策略是：**在反事实的情况下，良好确认的概括优先于特定事实。**

为了有效地处理反事实条件句，在一组合乎逻辑的可选方案中，我们必须能够区分，哪些更"自然地"调和了反信念的假设和联合起来与它不一致的其余信念之间的冲突，哪些不那么"自然"。一旦从这个角度考虑反事实的问题，那么它对更广泛的疑难推理问题的同化就变得很直截了当了，因为反事实条件句迫切要求用处理悖论的优先性机制来分析，而这是我们一直在做的。（只不过在这个领域中，优先性决定的原则是截然不同的。）

再举一个例子，考虑一下反事实条件句："假如波多黎各是联邦的一个州，那么美国将有51个州。"以下三个命题可以被认为是已知的假定：

（1）波多黎各不是联邦的州。

（2）美国有50个州。

（3）各州的名单包括**所有**以下这些：亚拉巴马州，亚利桑那州，等等。

（4）各州的名单**只**包括以下这些：亚拉巴马州，亚利桑那州，等等。

现在考虑引入与事实相反的假设：**假设并非 –（1），即假设波多黎各是一个州。**

在着手处理这一假设的时候，我们显然必须抛弃（1）和（4），并用其否定来取代它们。但这显然是不够的。集合 {并非 –（1），（2），（3）} 仍然构成一个疑难的三元组。为了保持一致性，我们也必须抛弃（2）或（3）。当然，我们可以在这两者之间选择。这样我们就要在两种不同的反事实条件句之间做出选择。

（A）假如波多黎各是一个州，那么就会有51个州，因为所有这些都是州：亚拉巴马州，亚利桑那州，等等。（在这里我们保留（3）

而抛弃了（2）。）

（B）假如波多黎各是一个州，那么现在的一个州就会离开，因为只有 50 个州。（这里我们保留（2）而抛弃了（3）。）

很显然，第一个是可信的，第二个明显不可信。这个问题归结为优先性和优先权的问题。答案是（3）＞（2），它的证成理由如下：随着新州加入联邦，州的数目在美国历史上一再发生变化。但是，没有哪个州曾退出过联邦——有一些州企图脱离联邦的尝试也被证明是灾难性的失败。"各州可以加入联邦"这一概括的说法，比"各州可以脱离联邦"更为站得住脚。问题的关键在于，在这些反事实的语境中（不像虚构的情况），已经确立的概括优先于特殊的事实。因此（3）明显比（2）更为站得住脚，因此，上述的第一个反事实条件句比第二个更合适。

因此，这个例子说明了一个普遍情况。当与我们处理的一些事实信念相冲突的假设被引入其他被广泛接受的信念中时，反事实就会产生。通过可信性恢复一致性的过程对其他悖论是能行的，这同样直接且有建设性地适用于当前的研究对象——然而，这也受制于一些关键的考量：（i）假设及其逻辑-概念后承现在占据了首要的优先地位，（ii）**事实**语境中所熟悉的特殊性优先的一般原则，现在被颠倒过来了，因为这里要优先考虑的是已经确立的概括。

12.3 更多例子

考虑反事实的论点："假如埃菲尔铁塔在曼哈顿，那它就在纽约州。"这个条件引入了一个与事实相矛盾的假设：

- 埃菲尔铁塔在曼哈顿。

在此背景下，以下陈述都是公认的事实：

（1）埃菲尔铁塔在法国巴黎。

（2）埃菲尔铁塔不在曼哈顿。

（3）曼哈顿在纽约州。

与以往一样，将一个论题替换为其反事实的否定，结果仍然是一个明显不 *243* 一致的情况。

如何克服这种不一致？我们现在需要面临的选择是（1）和（3）。只要像（3）这样的一般地理事实的优先性排在（1）这种具体建筑的位置之前，（3）就会占上风。因此，将不得不抛弃（1）。因此，我们会得出这样的条件句："假如埃菲尔铁塔在曼哈顿，那它就不会在法国，而是在纽约州。"

可以肯定的是，理论上我们的反事实假设留了两个选择：更自然的"假如埃菲尔铁塔在曼哈顿，那么它将在纽约州"，及异常反例："假如埃菲尔铁塔在曼哈顿，那么曼哈顿岛将在巴黎（就像西岱岛一样）"。在前一种情况下，我们把曼哈顿岛留在纽约州，而在后一种情况下，我们必须把它转移到巴黎。我们要在移动一个独立的建筑和整个岛屿之间做出选择。而遵循最小化改变这一被赋予优先权的更普遍且更基本的策略，我们保留岛屿的位置不动。

这里的首选解决方案是由一个明确的优先性排序来保证的：假设具有优先权，而我们的指南是在这个系统的根本性之上的。这一策略使我们既能验证反事实条件句，也能解释为什么一些反事实条件句是自然且可接受的，而另一些则是不自然且不可接受的。

"自然"和"非自然"的反事实条件句之间的区别是至关重要的。为了进一步说明这一点，考虑下面来自 D. 刘易斯的例子。根据规定，这里的例子是我们知道的：

（1）肯尼迪被暗杀了。

（2）奥斯瓦德暗杀了肯尼迪。

（3）除了奥斯瓦德外，没有人暗杀肯尼迪。

现在我们被要求假设并非 –（2），并且假设肯尼迪没有被奥斯瓦德杀死。那么我们显然不能同时保留（1）和（3），因为在并非 –（2）的情况下，*244* （3）衍推出没有人刺杀肯尼迪，这与（1）是矛盾的。要么（1）要么（3）必须离开——一个必须屈从于另一个。而现在，反事实条件句的形成方式为我们指出了如下的适当方案：

（A）如果奥斯瓦德没有暗杀肯尼迪，那么是其他人做的。（（3）屈从于（1）。）

（B）假如奥斯瓦德没有暗杀肯尼迪，那么肯尼迪就根本没有被暗杀。（（1）屈从于（3）。）

然而，假如我们通过采纳下面的（4）为我们的信念（1）–（3）补充阴谋论：

（4）肯尼迪是一个成功的阴谋的暗杀受害者。

那么我们也会得出结论：

（C）假如奥斯瓦德没有暗杀肯尼迪，那么其他人会做。（（3）屈从于（4）。）

这些条件句的形成方式告知我们（并对应于）那些在"事实"对象中起作用的从属关系，而这些是我们在反事实的信息语境中已知的。

12.4　事实语境和假设语境的关键区别

对正确理解反事实推理而言，重要的是要注意从纯粹假设出发的推理和从推定的真实反例出发的推理之间的区别。因为在面对真实或假定的自然律时，这些区别导向了不同的结果。因此，假设有这种形式的规律：所有的 *X* 都是 *Y*（比如"所有的铜体都是导电体"或者简言之"铜导电"）。如果在对其状态进行经验探究的过程中，我们发现了一个**不导电**的铜体，那么显然，我们必须撤回并修正这个普遍的概括，并使它屈从于新发现的观察事实。［在赫尔伯特·斯宾塞（Herbert Spencer）的讽刺中，我们注意到这种情况：亨利·巴克尔（Henry Buckle）的悲剧理念是一个有希望的理论，但却被顽固的事实摧毁了。］然而，在反事实的语境中，一种不同的优先性规则占据了上风。经验探究的优先性（"规律让位给事实"）被彻底地改变了。因为尽管仅被当作理论的推定规律必须让位给**真正的**事实，但已被接受的规律不需要且不可能让位给仅是假设或假定的事实。

在假设的情境中，假定所享有的卓越地位又涉及不同的方面。当我们在事实探究的问题上遇到析取式的不确定悖论时，我们把它看作一种信息不完整的标志，这促使去寻求额外考虑以实现一个更确定的解决方案。但在假设的语境中，我们不得不从表面上看待这种不确定：我们别无选择，只能将其视为最终结果。

12.5　归谬推理

归谬推理也是一种从一个与信念相悖的假设出发的推理——但却有非常不同的目的。其目标是为了建立一个特定的论题 T。为了做到这一点，我们按如下的方式进行。我们从假设并非 $-T$ 这样一种假设性的假定开始。从并非 $-T$ 出发，再加上一些我们已经掌握的预先确定的事实或原则 P_1，P_2，$\cdots$，P_n，我们推导出一个矛盾：

$$并非 -T，P_1，P_2，\cdots，P_n \vdash 矛盾$$

要恢复符号 $\vdash$ 左边的一组论题的一致性，我们必须抛弃至少其中一种观点（并因此认可其否定）。但是，由于 P_1，P_2，$\cdots$，P_n（根据假设）全都是已经确立的原则，而并非 $-T$ 只不过是一个暂时采用的**临时假设**，我们将优先性赋予那些预先确立的原则，因此必须放弃并非 $-T$。基于此，我们 *246* 现在可以把 T 本身当作一个已经确立的事实。

此时，我们又有一个疑难簇 $\{$并非 $-T$，P_1，P_2，$\cdots$，$P_n\}$，并通过"打破不一致链条中最薄弱的环节"这一标准过程来解决不一致性。基于此，并非 $-T$ 成为恢复一致性的唯一可接受选项的必然结果。

一个例子将有助于澄清这个问题。在古希腊数学中，归谬推理的一个经典例子与毕达哥拉斯学派的发现有关，即——公元前 5 世纪，梅塔蓬图姆的希帕索斯（Hippasus of Metapontum）在他同伴的图表上揭示的——正方形的对角线与它的边之间的不可通约性。其中的推理如下：

令 d 为一正方形的对角线长度，s 为其边长。进而，根据毕达哥拉斯定理，我们得到 $d^2 = 2s^2$。现在假设（根据归谬的假设）d 和 s 可以通过共同的单位 u 来通约，所以 $d = n \times u$ 且 $s = m \times u$，其中 m 和 n 是没有公因数的整数。（如果有公因数，我们可以直接把它转换成 u。）现在我们知道：

$$(n \times u)^2 = 2(m \times u)^2$$

于是我们就得到 $n^2 = 2m^2$。这意味着 n 必须是偶数，因为只有偶数的平方才是偶数。所以 $n = 2k$。但既然 $n^2 = (2k)^2 = 4k^2 = 2m^2$，所以 $2k^2 = m^2$。但这意味着 m 必须是偶数（和之前的推理一样）。这意味着，m 和 n 都是偶数，会有公约数（也就是 2），与它们没有公约数的假设相反。因此，由于最初的可通约性假设产生了矛盾，我们别无选择，只能拒绝它。因此，不可通约性命题也得到了证实。[6]

247　　在数学中，通过从其否定推出矛盾来证明一个事实的方法被刻画为**间接证明**。

　　假设和归谬推理之间的对比是有启发意义的。在假设推理中，我们所做的假设是**问题限定的**规定，因此它被允许在任何情况下都占上风。而在归谬推理中，我们的假设**只是暂时的**，必须在与既定事实发生冲突的情况下让步。因此，这种情况与反事实推理截然不同。这些假设被认为是其他一切必须围绕其旋转的固定点。它们的优先性是绝对的。然而，在归谬推理的过程中，事情却发生了逆转。这里的假设只被视为暂时的假设，因此变得脆弱不堪：它们在优先权-优先性的底部。而在这种情况下，已确立的命题与纯粹的假设相比占据上风，这使归谬推理成为一件相对简单的事情。

12. 6　归谬推理的示例：汤普森的灯

　　汤普森的灯悖论是英国哲学家詹姆斯·汤普森（James F. Thompson）提出的[7]，他提出了如下的问题：

　　　　一盏灯有两种设置：开和关。一开始它是开着的。在接下来的 1/2 秒内，它被关闭。在随后的 1/4 秒内，它被打开。开关交替进行，但每次开关的时间间隔都是上次的一半。问题：在一秒之后，它的设置是什么？

这种情况导致了以下的疑难：

（1）假设这种灯是可能的。　　　　　　　　　　　　*248*

（2）在任何时候，灯都是要么开着要么关着，但不能两者都是。此外，

（3）物理过程是连续的。在 t 之前的每个 ε 时段内都存在的物理条件，也在 t 时存在，无论 ε 有多小。

（4）在 $t=1$ 秒之前，每个 ε 时段内，灯都会频繁开启。

（5）在 $t=1$ 秒之前，每个 ε 时段内，灯会频繁关闭。

（6）在 $t=1$ 时，灯是开着的。（根据（3）和（4）。）

（7）在 $t=1$ 时，灯是关着的。（根据（3）和（5）。）

（8）（5）与（6）相互矛盾。

这里 {（1），（2），（3），（4），（5）} 是一个不一致的簇。现在，在归谬论证的语境中，基本假设（1）只能被看作一个仅仅可信的假设的临时假设，而（2）、（4）、（5）则是这个问题的定义规定，（3）是物理学的一个基本原理。由此产生的优先性配置是 ［（2），（4），（5）］>（3）>（1）。显然（1）必须被放弃，而且我们可以把这个疑难解释为对这个猜想的灯的归谬论证。

一个不同的预期也会产生同样的结果。考虑：

（1）假设这种灯是可能的。

（2）在任何时候，灯都是要么开着要么关着，但不能两者都是。

（3）在开和关之间，灯的情况是完全相同的（对称的）。（这只是我们选择将哪个时段**称为**"第一个"的问题。）

（4）对称的条件产生对称的结果。

（5）因此：最后，$t=1$ 时，灯的设置必须在开和关之间保持中立。

（6）（5）与（2）矛盾。

这里 {（1），（2），（3），（4）} 是一个不一致的四元组。此外（2）*249* 和（3）是问题的定义规定，（4）是物理学的一个基本原理，（1）是一个可信的假设。这样我们就有了优先性配置：［（2），（3）］>（4）>（1）。又是（1）必须被抛弃。这盏灯又一次因为归谬被废除。当然，一旦灯被废除，它假定的举止问题也就被废除了。

而物理状况本身也使这一结果更加可信。首先，它最终需要无限的加速度来完成这个假设的转换——这显然违反了狭义相对论的约束。其次，假设灯在任何时候都是开着或关着的，这不切实际地排除了它有发生爆炸的可能性，即，它不再作为一盏灯而存在。因此，这种分析的基础在于，人们不准备仅仅因为如汤普森的灯这样的"思想实验"就牺牲基本的物理原理。

这里的教训是，当一个假设产生的悖论情形变得**过于悖谬**时，恰当的做法可能是通过下面的方法来**消解**悖论：认为它所依赖的假设完全是不恰当的。这里的悖论通过建构自己的归谬法最终自我毁灭了。

最后——也很重要的——一点。当 p 被加到一组**真**命题而产生矛盾时，我们就可以推出非 $-p$。（这正是归谬论证的工作原理。）然而，当 p 被加到一组**可信**的命题而产生矛盾时，情况就不同了。因为，现在一切都取决于所讨论命题的优先性排序。只有当 p 的优先性最小时，才可以推出非 $-p$；否则，站不住脚的责任就会落在别处。真理不可能被不相容的附加物破坏。但是，对仅仅可信的命题，一切都将取决于对优先权与优先性的考虑。

12.7　实际不可能的推理

不可能的假设不仅是错误的，而且**必然**是错误的，也就是说，与某些

必然真理在逻辑上有冲突。这里的必然性是逻辑的、概念的、数学的或物理的。因此，一个反事实条件句的前件可能会否定：

- 一个（逻辑-概念的）必然性（"有无穷多的素数"）。
- 一条自然规律（"水在低温下结冰"）。

这种假设将会（分别在物理和概念模式中）生成实际不可能的反事实。"假如（尽管实际不可能）水不会结冰，那么冰就不可能存在"，"假如（实际不可能）只有有穷多素数，那么就会有一个最大的素数"[8]。然而，在验证这些反事实的过程中，我们——和通常一样——按照优先性原则进行处理，这些原则保持了该领域内更基本的原则的完整性。

因此，考虑反事实条件句，"假如 $2+1$ 是偶数，那么 $(2+1)+1$ 将是奇数"。这里我们有一个疑难簇：

(1) $2+1$ 是奇数，不是偶数。

(2) $(2+1)+1$ 是偶数，不是奇数。

(3) 整数 N 的后继是 $N+1$。

(4) 当一个整数是偶数时，它的后继是奇数。

(5) 当一个整数是奇数时，它的后继是偶数。

(6) 根据假设：$2+1$ 是偶数。

由于（6），我们必须抛弃（1）。但其余的（2）-（6）仍然是不一致的，因为三元组（6），（3），（4）导致 $(2+1)+1$ 是奇数，这与（2）相反。现在（6）是问题定义的假定，（3）是一个定义，（2）是一个特定的算术事实，而（4）-（5）是一般原则（算术规律）。于是优先性情况为 $(6)>(3)>[(4)，(5)]>(2)$，因此（2）必须被放弃。这验证了问题中的反事实条件句："假如（实际不可能）$2+1$ 是偶数，那么 $(2+1)+$ *251* 1 将是奇数。"

在归谬和实际不可能的推理这两种情况下，我们都引入了一种"荒谬的"或"逻辑上站不住脚的"假设。但目标是不同的。在归谬论证中，我们的目标是通过得出不可能的结果来发现其荒谬。而在实际不可能的推理中，我们的目标是指出有趣的结果，使"不可能的"假设具有启发性的含义。在归谬推理中，推出矛盾是至关重要的，而在实际不可能的推理中，它违背了事业的目标并且挫败了其存在的理由。

考虑一下这样的反事实条件句：

• 假如（尽管不可能）9 能被 4 整除，而没有余数，那么它就是一个偶数。

• 假如（尽管不可能）拿破仑今天还活着，他会对欧洲的国际政治状况感到惊讶。

我们真正感兴趣的不是不可能的前件，而是后件的一般状态。对这两种论点的基本等价的表述是：

- 任何能被 4 整除且没有余数的数都是偶数。

- 按照拿破仑统治下的法国的标准，欧洲现在的国际政治现状令人惊讶。

当所讨论的不可能性不只是违反自然规律（"假设一个人可以以比光速更快的速度行进"）而且也违反逻辑-概念的必然性（"假设有一个半径为零的圆"）时，实际不可能的假定就提出了特别的挑战。因为在后一种情况下，我们需要区分更基本和不那么基本的原则——而通常我们不需要对逻辑和概念的必然性做这种区分。

252 这里出现了一个有趣的教训。在归谬和实际不可能的推理中，我们都从那些与我们已知的东西相矛盾的"不可能"或"荒谬"的假设出发。但这两种思维模式之间存在着一种重要的**目的性**差异。（谁说逻辑不涉及目的？）在归谬推理中，目的是通过指出将会以及如何产生矛盾来**确立**问题的荒谬。在实际不可能的推理中，不可能性被承认但又被遗弃了。我们只是想证明一个特定的结果。我们的兴趣其实并不在于不可能的前件，而在于有更大影响的后件。

注释

［1］ 本章给出的对假定的处理方式最初提出于拙文 "Belief-Contravening Suppositions," *The Philosophical Review*, vol. 70（1961）, pp. 176 - 196。后来又进一步发展于 *Hypothetical Reasoning*（Amsterdam：North Holland, 1964）。

［2］ 有时看起来像反事实条件句的东西只是表面如此。因此，考虑："假如拿破仑和亚历山大大帝被合二为一，那会是怎样一位伟大的将领！"这里的问题不是基于将两个人合二为一这种离奇假设的反事实条件。相反，我们所面临的只是对如下自明之理的修辞性重述："任何能将拿破仑和亚历山大的军事才华相结合的人，都必定是伟大的将领。"

［3］ 对比 Roderick M. Chisholm, "Law Statements and Counterfactual Inferences," *Analysis*, vol. 15（1955）, pp. 97 - 105（尤其参看 pp. 102-105）。

［4］ 部分被翻译在 N. Kretzman and E. Stump, *The Cambridge Transla-*

tion of Medieval Philosophical Texts，vol. I：Logic and Philosophy of Language（Cambridge：Cambridge University Press，1988），参看 pp. 389－412。

　　[5] 但为什么对事物类型的刻画被看成是比对行为模式的刻画更加基本呢？答案在于，从过程的角度看，是 *X* 就是表现得像 *X* 一样：是木制的就是表现得像木制的东西一样。由于这种系统的行为包含了相关合法行为的整个范围，它内在地比具体对象——和特定的行为模式——更普遍。因此，这里的优先性是由确定何者更普遍、更流行和更基础的标准策略提供的。

　　[6] 关于其历史背景，参看 T. L. Heath，*A History of Greek Mathematics*（Oxford：Clarendon，1921）。

　　[7] 参看 James F. Thompson，"Tasks and Super-Tasks," *Analysis*，vol. 15（1954），pp. 1－13；reprinted in R. M. Gale，*The Philosophy of Time*（London：Macmillan，1968）。

　　[8] 一个更加有趣的数学例子如下：

　　尽管实际不可能，假如存在费马大定理的反例，那就有无穷多的反例，因为如果 $x^k + y^k = z^k$，那么 $(nx)^k + (ny)^k = (nz)^k$，对任何 k。

第十三章
考虑的悖论

- 投票悖论
- 理性要求悖论
- "懦夫"悖论
- 不可实现的智慧悖论
- 囚徒困境悖论
- 纽康姆的任性预言家悖论
- 预言竞赛悖论
- 阿莱司悖论
- 圣彼得堡悖论
- 心理医生悖论
- 布里丹的驴子悖论

第十三章 选择和决策悖论（行动理由的冲突）

13.1 一个决策悖论的例子

决策和行动的情况与断定和否定的情况一样，都要遵循相同的保持一致性的防护措施，在两种情况下，相同的一般程序也同样奏效。所谓的**投票悖论**是决策悖论的典型例子。[1] 它源于这样的事实：多数原则的某些自然使用可能导致矛盾。比如：

> 三个人原则上（一致）同意其中一个人应该享有某种特权。但是没有两个人希望另一个人享有这项权益。

这个悖论推理如下：

（1）任何多数人同意的都要被执行。

（2）每个人都同意三个人中有一个人应该做 X。

（3）根据（1）和（2），三个人中有一个人要做 X。

（4）多数人反对三个人中的 1 号做 X。

（5）根据（1）和（4），三个人中的 1 号不会做 X。

（6）2 号和 3 号与（4）-（5）中的 1 号一样。根据（1）中"多数原则"，它们都不会做 X。

（7）根据（5）和（6），三个人中没有人做 X。

（8）（7）与（3）矛盾。

这里 {（1），（2），（4）以及它的两个相似步骤} 构成了不一致的五元组。但是，因为（2）、（4）以及（4）的相似步骤完全是给定的事实，而

（1）只是一个可信的原则，显然这里应该牺牲掉的是（1）。明显地，多数原则不能一概而论，而是有条件的，它必须被限制在这样的语境中：其中不会产生无法执行的问题。

决策悖论通常源于相互冲突的赋值。它们经常与利益冲突有关，这些冲突来自支持者与反对者对竞品的冲突，因此不同的观点会胜出，而组合观点或整体观点的前景是不切实际的。在这些情况下，相互冲突的评价中必须有一个被列为次等或者被牺牲掉，除非（更彻底地）它们都被抛弃。

决策悖论在 20 世纪哲学中扮演了一个特别重要的角色，因为它们对其中一个中心主题——合理性——有指导意义。毕竟，在各种问题环境和条件下，决定做合理的事是接近这个主题的最好方法。作为背景问题，从所谓的**理性要求悖论**开始是有益的，这个悖论产生于真实的利益与表面的利益之间的潜在冲突：

（1）理性要求我们选择（真实且实际的）可得到的最好选项。

257　（2）我们所能决定的**是最好的**，只是**看上去是**最好的：我们只能决定**表面的**最佳而无法更接近**真正的**最佳。

（3）为了让**表面的**最佳代替**真正的**最佳，我们很可能偏离主题：表面的最好可能与实际的最好完全不同。

（4）理性对我们的适当要求就是在这种情况下做到最好的。

（5）根据（2）和（4）可以得到：理性对我们的要求只能是我们在明显可获得的多个选项中选择表面最好的选项。而（3）表明这个表面的最好可能不是实际的最好。

（6）（5）与（1）相冲突。

这里 {（1），（2），（3），（4）} 构成了不一致的四元组。现在（2）和（3）是没有问题的日常事实，而（4）和（1）是看起来合理的一般原则，后者比前者更安全。因此，我们得到优先性排序 [（2），（3）] >（4）>（1）用于指导解决悖论。因此最有前途的修复一致性的方法是抛弃（1）而保留（4）的内容，因为尽管（1）看起来很可信，但较之其他竞争者来说可信性更小。理性对我们的要求不是本身最好的，而是我们可以实际实现的最好的。（但是，注意，如果前提（1）可以区分要求我们**去做的**

和要求我们**尝试去做的，**那么它就会更好。）

决策理论学家也考虑"懦夫游戏"，这个相当愚蠢的"游戏"似乎源自大萧条时期，之后因电影《无因的叛逆》（*Rebel Without a Cause*）而在 20 世纪 50 年代加州青少年之中广为流传。两个司机在一条狭窄的路上迎面高速行驶，每个人都可以选择向右转或者继续这个会导致撞车的过程。最终的可能结果是：

#1	#2	结果
转向	转向	平局
转向	坚持	#2 赢
坚持	转向	#1 赢
坚持	坚持	撞车

258

最终的**"懦夫"悖论**是这样的：

（1）在玩游戏时，游戏者应该采取有机会获胜的策略。

（2）在这个例子中，只有坚持，游戏者才有获胜的机会。

（3）根据（1）和（2），游戏者都会坚持。

（4）当最好的可能结果只是一个微不足道的收获（比如，在一个愚蠢的游戏中"获胜"）时，没有决策者会冒真正有灾难的风险。

（5）只有通过转向，游戏者才能确保不会有灾难。

（6）因此，两个游戏者都会转向。

（7）（6）与（3）相矛盾。

解决方法依赖于注意到：在考虑"游戏者"要做或不要做什么时，必须把他理解为指称一个**理性的或明智的**游戏者。但是，一个理性的或明智的人根本不会玩这个游戏。[2] 问题的解决基于这样的考虑：构成悖论基础的至关重要的理性预设并没有被满足。

理性决策的一个富有挑战性的悖论来自**不可实现的智慧悖论**。它产生自下面的叙事[3]：

筹备人让你在两笔钱之间做一个选择：一笔 1 美元，另一笔 10 美元。*259* 他说："我向你保证。你不用担心。因为如果你不能明智地选择，我会补偿给你额外 10 美元。"你会选择哪笔钱呢？

下面的推理思路隐约出现在你面前：

- 如果我选择 1 美元而不是 10 美元，这显然不是明智的。所以会赚取额外的 10 美元，总共赚取 11 美元。

- 我们按照表面的意思来理解前面的推理。那么显然选 1 美元是明智的选择——明智之举。所以，不明智的行为就是选择 10 美元，因此会赚到总共 20 美元。

- 但是现在我们按照表面的意思来理解第二步。这就意味着选择 10 美元是明智的选择。所以为了最大收益，我必须回到第一步并选择 1 美元，因而得到 11 美元。

如此循环往复，没有尽头。在这些情况下，似乎**没有什么**是明智之举。但是什么都不做的时候，就会放弃一个确定的 10 美元收入。所以这也没有好的前景。

这个困惑如何解决呢？首先要注意我们面临的悖论是这样的：

（1）根据问题情境的规定，不明智的行动能确保一个人比采取其他方式收益更多。

（2）最大化一个人的整体收益是明智之举。

（3）在特定的情境中可以采取明智的行动。

260 这个三元组联合起来是不一致的，因为（1）确保了**不明智的**过程——如果与（3）一样是有效的——会有更多的收获，而（2）指出这是不可能的。这个矛盾的链条会在哪里断裂呢？

这里（1）作为问题的定义条件是固定的。而（2）作为经济理性的基本原则，或多或少是自明的。因此，在所讨论的这些论题中，（3）是最有问题的。因此我们有优先性排序：（1）>（2）>（3）。最终，这里要抛弃的是（3）。我们不得不承认，在这个情境中，其实没有"明智之举"这种东西，而且不论发生什么，筹备人都会提供奖金。（这里人们不妨拿着 10 美元就跑掉。[4]）

所以这里我们有另一个决策悖论，它表面上的利益冲突可以根据可信的考虑而直接解决掉。

13.2　囚徒困境悖论

囚徒困境悖论已经被讨论了半个世纪，它最初是由兰德公司的梅尔文·德雷舍和梅里尔·弗勒德（Melvin Dresher and Merril M. Flood）在1950年左右提出的。[5]它来自如下的一个故事：

你和你的同伙犯了罪。你们两个最终被抓了起来并且被指控。检察官给你一个辩护交易：认罪并提供同伙不利的证据，她会确保法庭对你 *261* 宽大处理——假设你的认罪对她的案子是有用的。进一步：（1）你认罪的效用依赖于你的同伙是否保持沉默。（如果他保持沉默，你的认罪就是有价值的；而如果他也认罪，那么其价值就大大降低。）（2）如果你们都不认罪，那么检察官的案件就会变得太弱，以至你们几乎可以确定只会受到非常轻的处罚。由此，我们可能会设想下面以监禁年限为依据的惩罚时间表：

行为		监禁年限	
你	同伙	你	同伙
认罪	认罪	5	5
认罪	不认罪	1	10
不认罪	认罪	10	1
不认罪	不认罪	2	2

这里，假设你们都是理性的主体，你们根据通常的谨慎理性原则做出选择。这个悖论是这样的：通过做出理论上合理的决策——选择的是你可能有收获但不会有损失的选项，而不管对手的行为——你和你相似环境中的对手注定会认罪，由此放弃了可以得到一个明显更好选项的希望——互相都不认罪，其结果是每个人的惩罚都会大大减轻。

下面的讨论清楚说明了这里出现的悖论：

（1）在其他条件不变的情况下，合理的做法是选择一种只能让一方受益的选项。（基本的经济理性原则。）

（2）在这里讨论的情况下，不论对手如何选择，选择"案例主导"的选项都是合理的，通过这个选项他可以占据上风。（一个合理的决策论程序原则。）

262

（3）根据这个问题的定义特征，这意味着：两个人都会选择认罪，因此都会相互认罪，结果是 $-5/-5$。（根据（1）和（2）。）

（4）如果两个人都保持沉默并且没有人认罪的话，每个人实际上都会有更好的待遇。（这个案子的定义特征。）

（5）两个人——自己是理性的并且假设另一个人也是理性的——都会选择不认罪，因此得到 $-2/-2$。

（6）（5）与（3）矛盾。

这里的集合 ｛（1），（2），（4）｝ 表达了一个疑难簇，它需要回到一致性。适当的优先性排序是（4）＞（1）＞（2）。因为这种情况令人怀疑论题（2）所断定的决策论的案例主导标准。因此把（2）当作最弱的一环而抛弃掉就打破了不一致的链条。

但是另一种处理这个悖论的方式如下：

（1）在其他条件不变的情况下，合理的做法是选择一种只能让一方受益的选项。（基本的经济理性原则。）［与前面一样］

（2）在这里讨论的情况下，不论对手如何选择，选择"案例主导"的选项都是合理的，通过这个选项他可以占据上风。（一个合理的决策论程序原则。）［与前面一样］

（3）根据这个问题的定义特征，这意味着：两个人都会选择认罪，因此都会相互认罪，结果是 $-5/-5$。（根据（1）和（2）。）［与前面一样］

（4'）在描述这个情况的时候，可以确定的是两个人在同一条船

263

上：两个人之间的情况完全是对称的。（这个问题的定义特征。）

（5'）合理性是非人格的、同一的：对一个人来说是合理的对任何其他处于相同环境中的人来说也是合理的。（一般原则。）因此——

（6'）两个人必须都做出相同的选择（即或者都认罪或者都不认

罪）：这些是唯一"实际可得到的"选项。（根据（5）。）

（7'）两个人都选择不认罪，因此得到 − 2/ − 2。（根据（1），（6'）。）

（8'）（7'）与（3）相矛盾。

第二个两难根源于 ｛（1），（2），（4'），（5'）｝的不一致，并且需要根据下面的优先性排序来理解：

$$(4') > [(1),(5')] > (2)$$

所以，同样，这里抛弃可信性最小的（2）有助于打破不一致的链条。

很明显，这里的问题在于，通过案例主导，使理性的决策理论构建与其他对这个概念的更基本、更常识性的理解不能共存。

这个例子中值得注意的是：我们这里有一个复杂的悖论，它有两个交织的疑难簇，即不一致的三元组 ｛（1），（2），（4）｝ 与不一致的四元组 ｛（1），（2），（4'），（5'）｝。在每一种情况下，我们对（2）的摒弃都是出于可信性的考量，有意思——而且最方便——的是，在这种情况下可以一石二鸟，同时解决这两个疑难（但事实并非必然如此）。

13.3　纽康姆的任性预言家悖论

1960 年，美国物理学家威廉·纽康姆（William A. Newcomb）提出了 *264* 一个悖论，这个悖论在最近数十年让很多理论学家着迷。[6] **纽康姆悖论**可表述为下面的问题：

> 预言家说："这里有两个盒子 A 和 B。你可以拿其中一个或两个都拿。你看，我现在把这 1 000 美元放在盒子 A 里。关于盒子 B 的信息是：如果我预测你只选择一个盒子，我就在里面放 1 000 000 美元；如果我预测你会选择两个盒子，就什么都不放。通过我的大量行为记录而知道我是一个好的预言家，所以你最好注意一下这个预测。"你怎么选择呢？

这个问题直接导致悖论，因为在这种情况下下面这些论题都是可信的：

（1）合理的选择是两个盒子都拿。（毕竟，你会得到你想要的一切。）

（2）合理的选择要遵循期望值的计算。

（3）一个适当的期望值评估可以如下进行：

令 p 是预言家预测你会拿两个盒子的概率。那么你的收益就如下：

你只选择 A：　$1 000

你只选择 B：　$p(0) + (1-p)(1 000 000) = (1-p)(1 000 000)$

你两者都选：　前两个值的总和

这里两者都选胜出——这是自动如此的，因为其期望值比其他选项都大。

（4）一个适当的期望值评估可以如下进行：

令 p 是预言家正确预测你的选择的概率。那么你期望的回报如下：

你只选择 A：$1 000

你只选择 B：$p(1 000 000) + (1-p)[1/2(0) + 1/2(1 000 000)] = 5 000 000(1+p)$

（注意：这假设了预言家在"两者都选"与"只选 A"之间出错的概率是一样的。）

你两者都选：$1 000 + p(0) + (1-p)(1 000 000) = 1 001 000 - 1 000 000p$

既然 p 不能是负的，只选 B 就**自动**胜过只选 A。另外，只选 B 也胜过两个都选，如果：

$5 000 000 (1+p) > 1 001 000 - 1 000 000p$

$5 000 000 + 500 000p > 1 001 000 - 1 000 000p$

$1 500 000p > 501 000$

$p >$ 大约 $1/3$

基于此，只要你相信预言家有超过大约 1/3 的机会正确预测你的选择，那么你最好只选 B。

所以，这里的一系列争论再一次把我们置于疑难状态中。因为（2）和（3）在规定"两者都选"上与（1）一致，而（2）和（4）一起在适当语境中规定了"只选 B"。很显然我们不能同时拥有这两种方式。或者必须抛弃（4），或者必须放弃（1）和（3），因为只有两个 R/A-选项：（1），（2），（3）/（4）和（2），（4）/（1），（3）。（假定我们谈论经济理性，那么这里的（2）是不可避免的。）

怎么选择呢？表面上，论题（1）和（2）代表了选择理论合理性所要求的同样可信的解释，而（3）和（4）为优先性决定的实施过程提供了竞争工具。所以，我们得到这样的优先性[（1），（2）] > [（3），（4）]。基于此，保留配置为 {1/2，1} 的（1），（2），（3）/（4）胜过保留配置为 {1/2，1/2} 的（2），（4）/（1），（3）。实际上，我们把（2）+（3）和（2）+（4）看作相互抵消的，并且令（1）胜出。

增强这个分析的理由是这样的：（3）和（4）中所讨论的概率是有问题的，它们很可能无法成为定义良好且有意义的数量。（毕竟，这两者都预设：对于无法计算的人类选择，正确的概率评估是存在的。）所以我们不做任何承诺，并令（1）是决定性的。

正如我们上面所看到的，作为理性选择的普遍工具，"案例主导"是标准的决策论规则，而囚徒悖论对这个规则提出了质疑。相反，纽康姆问题强调了在出现有问题的概率时期望值运算遇到的潜在的缺陷。

确实，也可以从不同的角度看待这个问题，如可以把它看作对有这种能力的预言家的归谬证明。因为，如果有一个这样的预言家——不是上帝自身——那么也可以有两个这样的预言家。那么这两个预言家可以按下面的方式在配对游戏中相互竞争。每个人都可以在卡片上圈出 A 或 B。如果卡片相匹配，1 号预言家胜出，如果它们不匹配，那么 2 号预言家胜出。现在，如果 1 号预言家要写的是 A，那么 2 号预言家在预测到此之后就会写 B。但是 1 号预言家在预测到此之后就会写 B①，依此类推。这个**预言竞赛悖论**表明，与另一个自由主体的预测竞赛假设可能是很有问题的。

13.4　阿莱司悖论和圣彼得堡悖论

267　　　**阿莱司悖论**进一步说明了标准的理性决策理论的内在压力，这个悖论来自下面的考虑：

（1）理性人根据期望值的贡献做出他们的选择。

（2）考虑在两个选项中做出选择。如果你选择选项一，你得到将近一百万美元。如果你选择选项二，我们需要投硬币，并且有一半一半的机会得到二百万美元或者什么都得不到。[7]

（3）根据（1），面对这种情况的理性人必须选择选项二，因为它的期望值更大。因此他们应该孤注一掷。

（4）但是在现实生活中，大多数人——我们必须假设其中大多数是理性的——实际上会选择选项一而且会接受将近一百万美元。

（5）因此，与（3）相反，理性人似乎能够、愿意并且应该更喜欢确定的选项，尽管期待值与之相反。

这类悖论所质疑的是把期望值计算当作合理性的原则，而这已经被法国经济学家莫里斯·阿莱司（Maurice Allais）研究过了。他们再一次强烈建议，最好承认这是合理的：在很多情况下，对确定事情的偏好超过期望值的鬼把戏。但是，采取这种观点意味着必须放弃这个理念：在概率选择问题上，期望值的比较足以成为合理的防故障指南。[8]

268　　　基于期望值分析的标准决策理论还有一个障碍，它也支持这种方法。这就是所谓的**圣彼得堡悖论**，它基于下面的假设游戏：

投掷一枚均匀的硬币，直到正面出现。如果这发生在第 n 次投掷时，那么玩游戏的人就会得到 2^{n-1} 个单位（正如经济学家所设想的那

---

① 原文是"A 在预测到此之后就会写 B"，但结合上下文来看，此处"A"应为"1 号预言家"，故此处译为"1 号预言家在预测到此之后就会写 B"。——译者注

样，这里也应该是"效用"的单位）的奖励。问题：理性人应该为这个游戏支付多少？

这里的期望值是下面这个乘积（在 n 上）的无穷加和：

$prob$（第 n 次投掷时第一次出现正面）$\times 2^{n-1}$

既然这里的概率是 $(1/2)^n$，那么事实很清楚，这个乘积统一都是 $1/2$，因此这里的和是 $1/2+1/2+1/2+\cdots$，这就是说它是无穷的（即，比任何有穷数量都大）。结果将是，对于玩这个游戏的机会来说，任何代价都不大。但是这个赌博剧本似乎很明显是反直观的——不只是因为它要求有无穷耐心和无穷资源。

基于此，我们得到下面的悖论：

（1）圣彼得堡剧本描述了一个实际可行的游戏，它定义了一个真正的选择。

（2）这个游戏的期望效用值是有意义且定义良好的数值，尽管是无穷数值。

（3）在期望值考量指引下，理性人认为任何代价都无法阻止玩圣彼得堡游戏。

（4）但很明显，按照一般原则，如果代价真的太大，明智的人就不会玩这个游戏。

假定（4）在直观上是不可避免的，（1）被当作这种问题情况的形成假设，那么只有两种解决不一致的方法：

269

抛弃（2）。拒绝无穷效用是有意义的数值这个理念。

抛弃（3）。拒绝期望值运算为理性选择提供适当指导这个理念（至少在这种特殊情况下是这样）。

决策理论学家通常会选择这些选项中的第一个，而不太热衷决策论的合理性观点的人倾向于选择第二个选项。[9]

13.5 心理医生悖论

心理医生悖论提供了另一个有益的例子，它涉及两种不同但同样可信的实现期望值最大化的过程之间的冲突。[10] 你的一个古怪朋友是精神心理医生，他是一个聪明、认真、可靠而且通常很睿智自信的生物化学家，他幻想自己是能预言的巫师，并且确实有很好的古怪预言记录。考虑他提出的一个问题。在你们刚一起吃完苹果之后，他开始用下面的话来吓唬你：

> 我有个有趣的消息告诉你。你必须认真考虑吃下这颗药丸。如你所知（因为是我们刚刚一起决定的）它包含物质 X（你也知道——但是如有疑问可咨询药典），X 自身是致命毒药，但是却为毒药 Z 提供可靠的解药——尽管它也有一些不太好的副作用。现在，根据我对你是否吃了那颗解毒药丸的预测，我给你的那个苹果（也就是你刚吃完的那个苹果）涂上了（或者没有涂）毒药 Z。我这个老家伙还是很善良的，只有我预见到你确实会吃解药的情况下才会下毒。不要担心——我是一个很好的预言家。

270

就在此时，你的奇怪朋友冲了出去并消失在你的视野之外。随着他的离开，任何想从他嘴里套出真相的企图都消失了。一种不祥的预感涌上心头——你不得不相信他。事实上，你强烈地怀疑他说这么多废话就是为了让你吃下这颗有问题的药丸。你该怎么做呢？你的生命似乎依赖于对你吃这颗药丸的结果的预言。

当然，你会进行快速的决策论计算。首先，你画出各种可能性的组合：

你	他	根据他/你	你的系统包括	结果？
吃	预言正确	吃	Z, X	幸存
吃	预言不正确	不吃	X	死掉
不吃	预言正确	不吃	都没有	幸存
不吃	预言不正确	吃	Z	死掉

这不是完美的画面。毕竟，不论你是否吃那颗可恶的药丸，都有可能死掉。怎么办？

这里可以有两种分析：

[A]① 第一种分析

令 p = 他正确预言你行为的概率。根据对预期寿命的测量，我们有：

---

① 原文为 [B]，但从上下文来看，此处 [B] 应为 [A]。——译者注

$$EV(吃) = p(+1^-) + (1 - p)(-1)$$
$$EV(不吃) = p(+1) + (1 - p)(-1)$$

由此，EV（吃）< EV（不吃），这与 p 的值无关。（注意，小的上标减号 ¯ 意味着"少量减少"，而它起作用的依据是吃了药丸之后的最小副 *271* 作用。）

基于此，传统决策论中设想的期望值比较似乎是反对吃那颗药丸的，这与心理医生是不是好的预言家无关。

[B] 第二种分析

令 p = 他实际上给苹果涂毒的概率。

通过计算活着或死掉的期望值，我们有：

$$EV(吃) = p(+1^-) + (1 - p)(-1) = 2p^- - 1$$
$$EV(不吃) = p(-1) + (1 - p)(+1) = -2p + 1$$

注意：

$$EV(吃) > EV(不吃) 当：$$
$$2p^- - 1 > -2p + 1$$
$$4p^- > 2$$
$$P > (1/2)^+$$

现在假设（据推测），除了给定信息，你高度怀疑他已经实际经历了这个奇怪的练习，并引导你吃下这颗药丸（正如他可能看到的那样，你吃药丸当且仅当他给苹果涂了毒）。那么显然，先前关于 p 的条件——它并非微不足道的大于 1/2——被满足了，而且你受决策论建议吃了药丸。

总之，这里我们面对着下面这些论题所导致的疑难谜题：

（1）理性且明智的事情是遵循决策论分析的指引。

（2）第一种分析的论证是决策论上令人信服的。 *272*

（3）第二种分析的论证是决策论上令人信服的。

（4）这里的两个合理且令人信服的分析导致不一致的解决方案。

（5）合理性是一致的：合理且令人信服的问题解决方案不会导致冲突的结果。

现在（5）是合理性的基本原则：除了接受它，没有其他明智的选项。（4）只是一个事实情况。（1）是可信但有问题的假设。因此我们得到一个优先性排序（5）＞（4）＞（1）＞［（2），（3）］。我们这里所拥有的是一个有疑难的不一致论题集，其极大一致的子集是不一致的四元组｛（1），（2），（4），（5）｝和｛（1），（3），（4），（5）｝。这使我们不得不放弃（2）和（3）中的一个，并且这两个期望值分析中有一个最终会被抛弃。

但是这两个不一致的分析哪个是对的呢？很难说——其实实际上是不可能的。在所有可能的指标上，两个可用选项似乎是同样令人信服的。一种情况下成立的抽象例子恰好对另一种情况也适用。你付钱并且做出选择——或者投硬币。[11]

结果是我们遇到的境况再次强化了纽康姆问题所提供的迹象：在各种决策语境中，期望值分析的标准机制可能使我们陷入困境，因为这里的概率可能根本不是定义良好的量。

在当下的疑难情况下，已经很清楚的是尽管可信的考量通常是有帮助的，但它不能导致一个唯一且明确的解决方案，而依旧使问题处于完全困惑的状态。这并不奇怪。因为从"石头，剪刀，布"这类游戏——不同于"井字棋"这类有解的游戏——就能很清楚地看到，有时候没有能行的游戏策略，没有做出"正确选择"的确定方法。在这种不太友好的情况下，合理性的资源对我们没有任何建议。对选择范围的分析没有表明一种选择优于其他选择：人们面对的每个选项都与其他选项有同样的支持（或反对）理由。

所有这些选择和决策悖论都以一种共同的方式出现：在每种情况下，似乎都有一个等值的理由，可以用两种不相容方式中的任一种来解决决策问题。所有这些悖论都有一个共同的答案。因为既然对于这些不相容的解决方案来说，理由都是同样好的，我们也可以"做一些很自然的事情"，做一些看上去最有利且最少负担的选择。与真理有关的合理决策只能等待优势证据。但是实践中，我们可以让相对立的事物彼此平衡，并视情况而定。[12]

事实上，有时候理性分析**不足以决定**选择明智的解决方案：没有好的理由选择一种可能性而不选另一种。目前这种情况可以说和另一种情况很相似。由此，在这两种相似情况下，即使是理想的理性主体，也不可能有把握地说出他将会如何行事。我们这里唯一的资源是强行随机选择。而这就指向了一个著名的悖论。

另一个紧密相关的例子是**布里丹的驴子悖论**，这个悖论是中世纪法国哲学家珍·布里丹（Jean Buridan，约 1295—1358）提出的。这个悖论基于一个驴子的故事，这个驴子在两捆同样好的草料之间挨饿，它不能决定吃哪一捆。这个故事的寓意是：如果没有在两个同样强的动机之间强行做出选择的自由意志，荒谬的后果就会接踵而至。[13]

这个悖论大致如下：

274

（1）一个理性者在有食物的情况下是不会挨饿的。

（2）在有多种选择的时候，理性生物必须基于更好的理由做决定。

（3）在有同等理由的地方——不管怎样都是同样好的情况——根据假设，没有更好的理由选择这种而不是另一种。

（4）根据（2）和（3），理性生物不能在同等选项之间做出选择。

（5）根据（4），我们的驴子只能挨饿——尽管有食物。

（6）（5）与（1）矛盾。

这里 ｛（1），（2），（3）｝ 构成不一致的三元组。（2）似乎是这三个可信原则中最脆弱的，因为（1）和（3）都无法挑剔。似乎有理由认为，尽管事实上理性生物可以并且应该注意到更好的理由，但是如果——像布里丹想要展示的那样——自由意志的主体可以打破僵局，那么不选择就是完全非理性的。由此，抛弃（2）就是最有希望打破不一致链条的方案。但是，我们再次可以通过恰当的区分，从（2）的信息中拯救一些信息——这次是区分狭义和广义的"合理性"。因为，尽管根据（假设）这种对称性，确实没有**直接的**理由选择这一捆草料而不是另一捆草料，但是有很好的理由选择一个而不是都不选，因此做出任意选择都优于不选择。即使意志自身不能做任意的选择，也可以把它委托给一个随机装置。

关于决策和选择中出现的悖论，有一些特别的问题——特别的悖论问题。关于——提问-回答以及信念-接受的——理论，我们似乎可以通过悬　275

置判断以及把事情推迟到有更多信息的那一天来拖延时间。或者我们可以
通过简单的析取，在不可解决的选项 *P* 和 *Q* 之间进行折中，即采取 *P* 或
者 *Q* 的方式，并且不做更多承诺。但是在实际的决策和行动中，情况就
不一样了。这里，不行动本身就是一种行动方式。在遇到做 *A* 还是做 *B*
的选择时，我们面对的选择系统是：

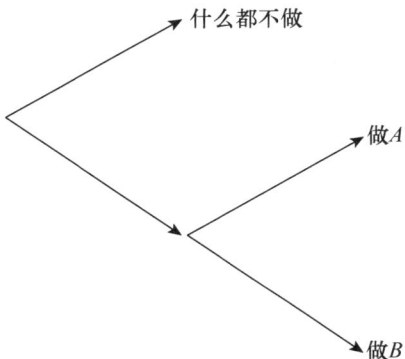

什么都不做

做*A*

做*B*

这里，什么都不做可能是最坏的选择——布里丹的驴子悖论生动地示
例了这点。

这方面的问题给实践的悖论带来特殊的影响。

在解决理论和实践悖论的时候，我们都希望尽量减少破坏。但是这两
个领域对破坏的衡量是非常不同的。理论的破坏在于认识上错误地接受假
的或不可信的东西。但是实践的破坏却可以是某种更严重、更令人痛苦的
影响，甚至更令人不安。这就是为什么像因徒困境悖论或者心理医生悖论
这样的悖论是特别麻烦的，它们的困难在于这个事实：**适当地损害评估原
则是有问题的**。

13.6 回顾：实用的维度

当悖论出现时，逻辑推理理性本身作用很小。因为当数据不一致时，
推理理性只能说应该恢复一致性，但是不能告诉我们必须如何实现。合理
分析可以定义选项，但不能解决它们。在此方面，悖论解决通常不是机械
的规则和自动的程序的问题。需要有超越逻辑的资源。

在这些考虑过程中，我们遇到了大量解决悖论问题的"交易工具"。276
其中首要的是：

- 消除歧义性
- 通过移除含混拆解
- 拒绝预设或使之无效
- 否定有意义性以及使概念无效
- 否定不可信性
- （根据不适当的假设）废除某些对象
- 对"更深层的"原则和"更高级的"选项进行优先化排序
- （比如，通过归谬法）使假设无效
- 通过验证优先性解决选择问题

当面对不一致前提集时，所有这些过程都能提供重建一致性的工具。

所有这些资源的突出特征是：就它们在事物的认知模式中的主题位置
而言，它们都属于修辞学领域而不是真正的理论逻辑领域。在卡尔·普兰
特的经典著作《西方逻辑史》（*Geschichte der Logik im Abendlande*）中有讨
论诡辩和不可解问题的章节，其中人们经常遇到的抱怨是"这类事物属
于修辞学而不是逻辑"。而普兰特在这个问题上的敏感性是完全正确的。
（人们所**能**反驳的是他对这种情况的反应——基于这样一种观点：如果某些
事物不属于真正的逻辑，那么它就不是那么重要的。）

尽管如此，解决疑难冲突的问题在各种语境中反复出现，其中比较突
出的有纯粹假设的、证明论的（归谬法的）、证据的以及哲学的语境。但是
一条一以贯之的主导原则对于解决疑难的不一致性的程序来说是决定性的：277
"根据事业的目的本质，在尽量小的扰乱、破坏下恢复一致性。"而且语境
的本质会在此起重要作用。特别地，在**事实**语境中，可信的优先性是决定
性的。但是，也有关于假设和归谬论证的**假设**语境。这里的情况有所不同。
假设及其蕴涵是最重要的，而其他可信的考量都被替代和重新调整了。这
完全是一个实践的策略问题，由相关语境中起作用的目的性考量所决定。

由此，必须强调，在这些疑难情况下，相互冲突命题的优先性或优先
权不必并且通常不会是绝对的或范畴的，相反它是可变的并且依赖语境

的。我们在不同类型的例子中有不同的处理方式。因此，比如：

- 在归谬语境中，我们为了已知的东西而牺牲假设；而在纯假设语境中，我们正好相反。
- 在证据语境中，我们为了特殊性而牺牲了普遍性；而在纯假设语境中，我们正好相反。
- 在哲学语境中，我们必须考虑证据；而在纯假设语境中，我们不需要担心它们。

在这些不同情况下，使这些规则成为自然的或适当的处理方法是相关领域的目的本质——其主导目标。在每一种情况下，我们都是根据当前具体工作的特殊目标所确定的指导原则进行的。因此，必须注意并且承认命题优先性原则的语境性。因此，应该强调的是，疑难簇中冲突命题的优先性不是个人偏好和个人嗜好的问题，它是由不同的讨论语境的目的取向所客观决定的。[14]

278　　正如我们所看到的那样，我们必须区分下面这几种情况：

1. **纯粹假设**语境。在恢复一致性的时候，抢救尽可能多的信息。因此给相对信息夏多的——语境上更强的——陈述以优先性。保留更一般、更基础的东西。决定性问题是："在不一致链条中，在信息给定上最薄弱的环节是什么？"

2. **归谬**语境。在保持一致性的时候，为已经确立的东西赋予优先性。因此，必须抛弃的是那些导致冲突的假设自身。决定性问题是："哪些主张与已经确定的主张冲突最小？"

3. **证据规约**语境。在恢复一致性的时候，尽可能多地保留可检验的/有证据的部分。使证据上更弱的主张让位于证据上更强的主张。决定性问题是："在不一致链条中，证据上最弱的、检验上最易受攻击的环节在哪？"

4. **反事实**语境。在恢复一致性的时候，优先考虑确定问题的假设。以此出发，选择那些可以控制的、对事实破坏最少的，然后像上面的情况 2 一样处理。

5. **哲学**语境。在恢复一致性的时候，保留全部的可信度。优先考虑那些为可信性（证据）**和**问题解决（信息性）提供系统最优**组合**的命题。（因此，这里的过程是混合——证据和假设方法之间的平衡**组合**或**混合**——最小的。）决定性问题是："在不一致链条中，最小可信的环节是什么——那些抛弃之后对建构一个融贯的理解系统阻碍最小的环节是什么？"

正如本研究所指出的，不同目的在不同语境中起作用。所讨论的特殊事业的目的性／目的论特征，为决定优先权的不同基本规则提供了指导基础，这些基本规则在不同语境中起作用。

解决不一致性的重点是语用学、理性实践和程序之一。不同的思考语境反映了不同的目的范围。正是相关语境的目的导向这一目的论问题，决定了哪类优先性原则在其中起作用。因为，正是它们促进实现相关目的的能力，决定了必备的优先性原则的适当性。

注释

［1］关于投票悖论、决策悖论，以及一般的政治程序，参看 Steven J. Brams，*Paradoxes in Politics*（New York：The Free Press，1976）。

［2］确实，如果被迫玩那种只有通过"获胜"才能避免更大灾难的"游戏"，合理的结果不只是简单的**转向**，而是**最后转向**。而如果我的对手也是同样的观点，那么撞车就是不可避免的了。

［3］这个例子改写自 H. Gaifman，"Infinity and Self-Application，I，" *Erkenntnis*，vol. 20（1983），pp. 131–155（参看 pp. 150–152）。关于这个悖论，也可参看 Robert C. Koons，*Paradoxes of Belief and Strategic Rationality*（Cambridge：Cambridge University Press，1992），pp. 17–19，这个悖论有时候被称作"两个信封悖论"。

［4］这里的推理基于下面的考虑：

我选择	如果明智的选择实际上是 1 美元，那么我得到	如果明智的选择实际上是 10 美元，那么我得到	如果没有明智的选择，那么我得到
1 美元	1 美元	11 美元	1 美元
10 美元	20 美元	10 美元	10 美元

通过选择 10 美元，在出现最坏的情况时，我将承担一个相对微不足道的损失，而在任何其他情况下，我的情况都将大为改善。

［5］对这个问题的多方面讨论，请参看 Richmond Campbell and Lawring Sowden（eds.），*Paradoxes of Rationality and Cooperation：Prisoner's Dilemma and Newcomb's Problem*（Vancouver：University of British Columbia Press，1985）；也可参看 Brams 1976。

［6］关于纽康姆悖论，参看 Robert Nozick，"Newcomb's Problem and Two Principles of Choice," in N. Rescher（ed.），*Essays in Honor of Carl G. Hempel*（Dordrecht：Reidel，1969），pp. 114-146。也可参看：R. Campbell and L. Sowden，*Paradoxes of Rationality and Cooperation*（op. cit.）；Martin Gardner，"Mathematical Games," *Scientific American*，July 1973，pp. 102-108；Isaac Levi，"Newcomb's Many Problems," *Theory and Decision*，vol. 6［1975］，pp. 161-175，以及 Brams 1976；Michael D. Resnick，*Choices：An Introduction to Decision Theory*（Minneapolis University Press，1987），pp. 109-112。

［7］严格说，奖励的单位应该用"效用"而非金钱来衡量。

［8］关于阿莱司悖论的讨论，参看 R. Duncan Luce and Howard Raiffa，*Games and Decisions*（New York：Wiley，1957）。

［9］这个问题来自尼古拉斯和丹尼尔·伯努利（Nicholas and Daniel Bernoulli）的著作，对此请参看 Isaac Todhunter，*A History of the Mathematical Theory of Probability*（New York：G. E. Stechert，1931），pp. 134 and 220-222。

［10］关于这个问题，请参看拙文"Predictive Incapacity and Rational Decision," in *The European Review*，vol. 3（1995），pp. 325-330。

［11］确实，如果你确切知道这两个分析中有一个是正确的，那么你就能够进行一个二阶的期望值比较。

［12］关于事实语境与实践语境中不同的决策基本规则，请参看拙文"Ueber einen zentralen Unterschied zwischen Theorie and Praxis," *Deutsche Zeitschrift für Philosophie*，vol. 47（1999），pp. 171-182。

［13］关于布里丹的驴子悖论的历史背景，请参看拙文"Choice Without Preference，" 出自 *Essays in Philosophical Analysis*（Pittsburgh：University of Pittsburgh Press，1969），pp. 111－157。

［14］解决冲突的计划的语境依赖本质意味着疑难方法能够把不同领域（证明论，实证探究，假设推理，哲学推理）中推理理论的各个重要方面统一到一个包罗一切的整合观点之中。这种统一显然整合了作者在下面这些书中对这些问题的处理方法：*Hypothetical Reasoning*（1967），*Plausible Reasoning*（1974），*Empirical Inquiry*（1982），and *The Strife of Systems*（1985），因而从综观的角度统一了我整个立场的语用倾向。

参考文献

281　　　注意，很遗憾的是，目前为止还没有一部关于悖论的通史。但是，在古典时代，处理这些悖论的思想家都被爱德华·策勒尔（Edward Zeller）在其权威著作《历史进程中的希腊哲学》（*Philosophie der Griechen in ihrer Geschichtlichen Entwicklung*）中讨论了。这本书第 6 版是三个大的两卷本，在 1919 年由赖因斯兰德（O. R. Reisland）在莱比锡出版的。这些悖论自身在卡尔·普兰特的《西方逻辑史》中有更详细的（尽管总体上相当不屑的）讨论，这本书由希策尔（S. Hirzel）在 1855 年以三卷本形式在莱比锡出版。它提供了很多信息，涉及古代和中世纪对此问题的贡献。关于芝诺悖论的非常全面的参考文献，参看 Salmon 1970。对说谎者悖论及其同类悖论的历史提供概要的历史说明，参看 Rüstow 1910。

关于中世纪经院学者的悖论的大量参考文献，请参看 Ivan Boh, *Epistemic Logic in the Later Middle Ages*（London：Routledge，1993）。关于诡辩和不可解问题的中世纪文献，请参看 Buridan 1977、Grabmann 1940、Heytesbury 1979、Hughes 1982、Kretzmann and Rretzmann 1990、Nicholas of Cusa 1954、Perreiah 1978、Rijk 1962—67，以及 Wyclif 1986。对这些主题的分析，参看 Biard 1989、Bottin 1976、Kretzmann et al. 1982、Read 1993，以及 Weidemann 1980。关于 16 世纪的语义悖论，参看 Ashworth 1974，其中相同题目的章节。关于文艺复兴，参看 Colie 1966。

Ameriks，Karl．1982．*Kant's Theory of Mind：An Analysis of the Paralogisms of Pure Reason*．Oxford：Clarendon．

Aristotle．1908—31．*Oxford Translation of the Words of Aristotle*，ed. by

J. A. Smith and W. D. Ross. Oxford: Clarendon.

Ashworth, E. J. 1974. *Language and Logic in the Post-Medieval Period.* Dordrecht: Reidel. [See Chapter IV on Semantic Paradoxes, pp. 101 – 117.]

Axelrod, Robert M. 1985. *The Evolution of Cooperation.* New York: Basic Books.

Bandmann, H. 1992. *Die Unendlichkeit des Seins: Cantors transfinite Mengenlehre und ihre metaphysischen Wurzeln.* Frankfurt: Peter Lang.

Bar-Hillel, Yehoshua. 1939. Le problème des antinomies et ses *282* développements récents. *Revenue de Metaphysique et de Morale,* vol. 36, pp. 225 – 242.

Bartlett, Steven J., and Peter Suber, eds. 1987. *Self-Reference.* Dordrecht: Nijhoff.

Barwise, Jon, and John Etchemendy. 1987. *The Liar.* New York: Oxford University Press.

Behmann, Heinrich. 1937. The Paradoxes of Logic. *Mind,* vol. 46, pp. 218 – 221.

Bernardete, José A. 1964. *Infinity: An Essay in Metaphysics.* Oxford: Clarendon.

Biard, Joel. 1989. Les sophismes du savoir: Albert de Saxe entre Jean Buridan et Guillaume Heytesbury. *Vivarium,* vol. 27, pp. 36 – 50.

Bolzano, Bernard. 1955 [1851]. *Paradoxien des Unendlichen.* ed. F. Prihonsky. Leipzig: Publisher, 1851; reprinted Hamburg: F. Meiner, 1955. English version: *Paradoxes of the Infinite.* London: Routledge, 1950.

Borel, Emile. 1946. Les Paradoxes de l'infini. *L'avenir de la science,* No. 25, Part 3.

Bottin, Francesco. 1976. *Le antinomie semantiche nella logica medievale.* Padova: Antenore.

——. 1980. Gli 'insolubilia' nel 'Curriculum' scolastico tardomedevale.

Logica, *Epistmologia*, *Storia della Storiografia* (Padova: Editrice An-ternore, pp. 13−32).

Brams, Steven, J. 1976. *Paradoxes in Politics: An Introduction to the Nonobvious in Political Science*. New York: Free Press.

Burali-Forti, Cesare. Una questione sui numeri transfiniti. *Rendiconti del Circulo Mathematico di Palermo*, vol. II, pp. 154−164.

Buridan, Jean. 1977. *Sophismata*, ed. T. K. Scott. Stuttgart-Bad Cannstatt: Frommann-Holzboog. English version: *Sophisms on Meaning and Truth*, trans. T. K. Scott. New York: Appleton-Century-Crofts, 1966.

Burgess, Theodore C. 1902. *Epideictic Literature*. Chicago: University of Chicago Press.

Burns, L. C. 1991. *Vagueness: An Investigation into Natural Languages and the Sorites Paradox*. Dordrecht: Kluwer.

Campbell, Richard, and Lanning Sowden, eds. 1985. *Paradoxes of Rationality and Cooperation: Prisoner's Dilemma and Newcomb's Problem*. Vancouver: University of British Columbia Press.

Cargile, James. 1979. *Paradoxes: A Study in Form and Predication*. Cambridge: Cambridge University Press.

Carnap, R. 1934. Die Antinomien und ide Unvollständigkeit der Mathematik. *Monatshefte der Mathematik und Physik*, vol. 41, pp. 263−284.

Champlin, T. S. 1988. *Reflexive Paradoxes*. London: Routledge.

Chihara, Charles. 1979. The Semantic Paradoxes: A Diagnostic Investigation. *Philosophical Review*, vol. 88, pp. 590−618.

Church, Alonzo. 1934. The Richard Paradox. *American Mathematical Monthly*, vol. 41, pp. 356−361.

Colie, Rosalie L. 1966. *Paradoxica Epidemica: The Renaissance Tradition of Paradox*. Princeton: Princeton University Press, 1966.

283   Davis, Martin. 1965. *The Undecidable: Basic Papers on Undecidable Propositions*, *Unsolvable Problems*, *and Computable Functions*. Hewlett, NY: Raven Press.

De Laguna, Theodore. 1916. On Certain Logical Paradoxes. *Philosophical Review*, vol. 25, pp. 16−27.

de Morgan, Augustus. 1872. *A Budget of Paradoxes*. London: Longmans, Green; reprinted Freeport, NY: Books for Libraries Press, 1969.

Dumitriu, Anton. 1969. The Solution of Logico-Mathematical Paradoxes. *International Philosophical Quarterly*, vol. 9, pp. 63−100.

——. 1974. The Logico-Mathematical Antinomies: Contemporary and Scholistic Solutions. *International Philosophical Quarterly*, vol. 14, pp. 309−328.

Escher, Maurits Cornelis. 1967. *Graphic Work*. Revised ed. London: Dutton.

Ferber, Rafael. 1981. *Zenons Paradoxien der Bewegung und die Struktur von Raum und Zeit*. München: C. H. Beck.

Finsler, Paul. 1944. Gibt es unentscheidbar Sätze? *Commentarii Mathematici Helvetici*, vol. 16, pp. 310−320.

——. 1926. Gibt es Widerspruüche in der Mathematik? *Deutsher Mathver.*, vol. 34, pp. 143 − 155; reprinted G. Unger, ed., *Aufsätze sur Mengenlehre*. Darmstadt: Wissenschaftliche Buchgemeinschaft, 1975.

——. 1927. Über die Lösung von Paradoxien. *Philosophischer Anzeiger*, vol. 2, pp. 183−192.

Fitch, F. B. 1946. Self-Reference in Philosophy. *Mind*, vol. 55, pp. 64−73.

Franck, Sebastian. 1909. *Paradoxa*. Jena: H. Ziegler. English trans. E. J. Furcha: *Paradoxa: Two Hundred Eighty Paradoxes or Wondrous Sayings*. Lewiston, NY: Edward Mellon Press, 1986.

Frontera, G. 1891. *Etude sur les arguments de Zénon d'Elée contre le mouvement*. Paris: Hachette.

Gaifman, H. 1983. Infinity and Self-Applications: I. *Erkenntnis*, vol. 20, pp. 131−155.

Gale, Richard. 1993. *The Nature and Existence of God*. Cambridge: Cambridge University Press.

Garciadiego, A. R. 1992. *Bertrand Russell and the Origins of the Set-Theoretic 'Paradoxes'*. Basel: Birkhäuser.

Gardner, Martin. 1982. *Aha! Gotcha: Paradoxes to Puzzle and Delight*. New York: W. H. Freeman.

——. 1971. Infinite Regress. In *Sixth Book of Mathematical Games from Scientific American*. San Francisco: W. H. Freeman.

——. 1968. The Paradox of the Unexpected Hanging. In *The Unexpected Hanging and Other Mathematical Diversions*. New York: Simon and Schuster.

Geyer, P., and R. Hagenbüchle, eds. 1992. *Das Paradox: Eine Herausforderung des abendländischen Denkens*. Tübingen: Stauffenburg, pp. 159−189.

Good, I. J. 1966. A Note on Richard's Paradox. *Mind*, vol. 75, p. 431.

Goodman, Nelson. 1955. *Fact, Fiction, and Forecast*. Cambridge, MA: Harvard University Press; 2nd ed. Indianapolis: Bobbs-Merrill, 1965; 3rd ed. 1973.

Grabmann, Martin. 1940. *Die Sophismataliteratur des 12. und 13. Jahrhunderts, mit Textausgabe eines Sophisma des Boetius von Dacien*. Münster: Aschendorff.

Grelling, Kurt. 1936. The Logical Paradoxes. *Mind*, vol. 45, pp. 481−486.

——. 1937. Der Einfluss der Antinomien auf die Entwicklung der Logik im 20 Jahrhunders, *Travaux du Ixième congrès international de philosophie*, *fasc*, vol. VI, pp. 8−17.

Grelling, Kurt, and Leonhard Nelson. 1907-1908. Bemerkungen zu den Paradoxien von Russell und Burali-Forti. *Abhandlungen der Fries'schen Schule n. s.*, vol. 2, pp. 301−334.

Halldén, Soren. 1949. *The Logic of Nonsense*. Uppsala: Lundequistska Bokhandeln.

Hamblin, C. L. 1986. *Fallacies*. Revised ed. Newport News: Vale Press.

van Heijenoort, Jean, ed. 1967. *From Frege to Gödel: A Source Book in Mathematical Logic, 1879—1931*. Cambridge, MA: Harvard University Press.

———. 1967. Logical Paradoxes. In *The Encyclopedia of Philosophy*. Paul Edwards ed. New York: Macmillan.

Heiss, Robert. 1928. Der Mechanisumus der Paradoxien und das Gesetz der Paradoxienbildung. *Philosophischer Anzeiger*, vol. 3, pp. 403—432.

Helmer, Olaf. 1934. Remarques sur le problème des antinomies. *Philosophisches Jahrbuch der Görresgesellschaft*, vol. 47, pp. 421—424.

Helmont, J. B. van. 1650. *A Ternary of Paradoxes*. Ed. and translated by Walter Charleton. London: James Flesher.

Heytesbury, William. 1979. *On Insoluble Sentences: Chapter One of His Rules for Solving Sophisms*. Translated with an introduction and a study by P. V. Spade. Toronto: Pontifical Institute of Mediaeval Studies. Mediaeval Sources in Translation, No. 21.

Hinske, Norbert. 1965. Kant's Begriff der Antinomie und die Etappen seiner Ausarbeitung, *Kant-Studien*, vol. 56, pp. 485—496.

Hintikka, Jaakko. 1957. Vicious Circle Principle and the Paradoxes. *Journal of Symbolic Logic*, vol. 22, pp. 245—249.

Hofstadter, Douglas R. 1980. *Gödel, Escher, Bach: An Eternal Golden Braid*. New York: Random House.

———. 1986. *Metamagical Themes*. New York: Basic Books.

Hofstadter, Douglas R., and Daniel C. Dennett. 1981. *The Mind's I: Fantasies and Reflections on the Self and Soul*. New York: Basic Books.

Hughes, George Edward. 1982. *John Buridan on Self-Reference: Chapter Eight of Buridan's Sophismata*. Cambridge: Cambridge University Press.

Hughes, Patrick, and George Brecht. 1975. *Vicious Circles and Infinity*: *A Panoply of Paradoxes*. Garden City, NY: Doubleday.

Hyde, M. J. 1979. Paradox: The Evolution of a Figure of Rhetoric. In R. L. Brown Jr. and M. Steinman Jr. , eds. , *Rhetoric 78*: *Proceeding of Theory of Rhetoric*: *An Interdisciplinary Conference*. Minneapolis: University of Minnesota Center for Advanced Studies in Language, Style, and Literary Theory, pp. 201－225.

Intisar-Ul-Haque. 1969. *Critical Study of Logical Paradoxes*. Pakistan: Peshawar University Press.

Jourdain, P. E. B. 1913. Tales with Philosophical Morals. In *The Open Court*, vol. 27, pp. 310－315.

Kainz, Howard P. 1988. *Paradox, Dialectic, and System*: *A Contemporary Reconstruction of the Hegelian Problematic*. University Park: Pennsylvania State University Press.

Kneale, William, and Martha Kneale. 1962. *The Development of Logic*. Oxford: Clarendon.

Koons, Robert C. 1992. *Paradoxes of Belief and Strategic Rationality*. Cambridge: Cambridge University Press.

Koyré, Alexandre. 1946. *Épiménide le menteur*. Paris: Ensemble et catégorie, Actualités scientifiques et industrielles.

Kretzmann, Norman, and B. E. Kretzmann, eds. 1990. *The Sophismata of Richard Kilvington*. Cambridge: Cambridge University Press.

Kretzmann, Norman, and Eleanore Stump. 1988. *The Cambridge Translations of Medieval Philosophical Texts*, vol. I. Contains an English translation of Albert of Saxony's *Insolubilia*. Cambridge: Cambridge University Press.

Kretzmann, Norman, Anthony John Patrick Kenny, and Jan Pinborg, eds. 1982. *The Cambridge History of Later Medieval Philosophy*: *From the Rediscovery of Aristotle to the Disintegration of Scholasticism*, 1100－1600. Cambridge: Cambridge University Press.

285

Kutschera, Franz von. 1964. *Die Antinomien der Logik*. Freiburg: K. Alber.

Lando, Ortensio. 1593. *The Defense of Contraries*. Translated by Anthony Munday. London: by John Windet for Simon Waterson.

Langford, C. H. and M. Langford. 1959. The Logical Paradoxes. *Philosophy and Phenomenological Research*, vol. 21, pp. 110−113.

Lubac, Henri de. 1946. *Paradoxes*. Paris: Éditions du Livre français.

——. 1958. *Further Paradoxes*. London: Longmans Green.

Mackie, J. L. 1973. *Truth, Probability and Paradox: Studies in Philosophical Logic*. Oxford: Clarendon.

Makinson, D. C. 1965. The Paradox of the Preface. *Analysis*, vol. 25, pp. 205−207.

Margalit, Avishai, and Maya Bar-Hilled. 1983. Expecting the Unexpected. *Philosophia*, vol. 13, pp. 263−288.

Martin, Robert L. 1968. On Grelling's Paradox. *The Philosophical Review*, vol. 77, pp. 321−331.

——, ed. 1970. *The Paradox of the Liar*. New Haven: Yale University Press; 2nd ed., Resada, Ca: Ridgeview, 1978. [有非常大量的参考书目的数十篇论文的合集。]

——. 1967. Toward a Solution to the Liar Paradox. *Philosophical Review*, vol. 76, pp. 279−311.

——, ed. 1984. *Recent Essays on Truth and the Liar Paradox*. New York: Oxford University Press.

McGee, Vann. 1991. *Truth, Vagueness, and Paradox: An Essay on the Logic of Truth*. Indianapolis: Hackett.

Melhuish, George. 1973. *The Paradoxical Nature of Reality*. Bristol: St. Vincent's Press.

Mirimanoff, D. 1917. Les antinomies de Russell et de Burali-Forti et le problème fondamental de la théorie des ensembles. *L'Enseignement Math.*, vol. 19, pp. 37−52.

Nicholas of Cusa (Nicolas Cusanus). 1954. *Of Learned Ignorance*. Translated by Fr. Germaine Heron. New Haven: Yale University Press, and London: Routledge. Reprinted Westport, CT: Hyperion, 1991.

Nordau, Max. 1886. *Paradoxes*. Chicago: Laurd and Lee.

Northrop, Eugene Purdy. 1958 [1944]. *Riddles in Mathematics*. London: English Universities Press. Reprinted New York: Van Nostrand, 1966.

Nozick, Robert. 1974. Reflections on Newcomb's Problem. *Scientific American* (March), pp. 228−241.

O'Carrol, M. J. 1967. Improper Self-Reference in Classical Logic and the Prediction Paradox. *Logique et analyse*, vol. 10, pp. 167−172.

O'Connor, D. J. 1948. Pragmatic Paradoxes. *Mind*, vol. 57, pp. 316−329.

Pap, Arthur. 1954. The Linguistic Hierarchy and the Vicious-Circle Principle. *Philosophical Studies*, vol. 5, pp. 49−53.

Perelman, C. H. 1936. Les Paradoxes de la Logique. *Mind*, vol. 45, pp. 204−208.

Perreiah, Alan. 1978. *Insolubilia* in Paul of Venice's *Logica Parva*. *Medioevo*, vol. 4, pp. 145−171.

Prior, A. N. 1958. Epimenides the Cretan. *Journal of Symbolic Logic*, vol. 23, pp. 261−266.

——. 1961. On a Family of Paradoxes. *Notre Dame Journal of Formal Logic*, vol. 2, pp. 16−32.

Probst, P. , H. Schröer, and F. von Kutschera. 1989. Das Paradoxe, Paradoxie. In *Historisches Workerbuch der Philosophie*, vol. VII, pp. 81−97.

Quine, W. V. O. 1962. Paradox. *Scientific American*, vol. 206 (April), pp. 84−96.

——. 1966. *The Ways of Paradox and Other Essays*. New York: Random House.

Ramsey, F. P. 1925. The Foundations of Mathematics. *Proceedings of the*

London Mathematical Society, series 2, vol. 25, part 5 (read 12 November), pp. 338 − 384. Reprinted in D. H. Millar, ed. , *F. P. Ramsey: Philosophical Papers* (Cambridge: Cambridge University Press, 1990).

Rapaport, Anatol, and Albert M. Chammah. 1965. *The Prisoner's Dilemma*. Ann Arbor: University of Michigan Press.

Read, Stephan. 1993. Sophisms in Medieval Logic and Grammar. *Acts of the Ninth European Symposium for Medieval Logic and Semantics*, St. Andrews, June 1990 . Dordrecht: Kluwer.

Rescher, Nicholas. 1961. Belief-Contravening Suppositions. *Philosophical Review*, vol. 70, pp. 176−195.

——. 1964. *Hypothetical Reasoning*. Amsterdam: North Holland.

Rescher, Nicholas, and Robert Brandom. 1980. *The Logic of Inconsistency*. Oxford: Oxford University Press.

Richards, T. J. 1967. Self-Referential Paradoxes. *Mind*, vol. 76, pp. 387−403.

Rijk, Lambertus Marie de. 1962—67. *Logica modernorum: A Contribution to the History of Early Terminist Logic*. 2 vols. Assen: Van Gorcum.

Riverso, Emanuele. 1960. Il Pardosso del Mentitore. *Rassengna di Scienze Filosofiche*, vol. 13, pp. 296−325.   *287*

Rivetti, Barbò. 1959. L'origine dei paradossi ed il regresso all'infinito. *Rivista di filosophia neo-scolastica*, vol. 51, pp. 27−60.

——. 1961. *L'antinomia del mentitote nel pensiero contemporaneo, da Peirce a Tarski, Studi-testi-bibliografia*. Milano: Società Editrice Vita e Pensiero.

Rozeboom, W. W. 1957—58. Is Epimenides Still Lying? *Analysis*, vol. 18, pp. 105−113.

Rudavsky, Tamar, ed. 1985. *Divine Omniscience and Omnipotence in Medieval Philosophy*. Dordrecht: Reidel.

Russell, Bertrand. 1903. *The Principles of Mathematics*. Cambridge:

Cambridge University Press. Revised ed. , London: XYZ, 1937 and New York: Norton, 1938.

————. 1906. Les paradoxes de la logique. *Rev. Met mor.* , vol. 14, pp. 627−650. English: On *Insolubilia* and the Solution by Symbolic Logic. In Russell, *Essays in Analysis*. D. Lackey, ed. , London: Allen and Unwin, 1973, pp. 190−214.

————. 1908. Mathematical Logic as Based on the Theory of Types. *American Journal of Mathematics*, vol. 30, pp. 222−672. Reprinted in Heijenoort 1967.

————. 1918. *Introduction to Mathematical Philosophy*. London: Macmillan.

Russell, Bertrand, and A. N. Whitehead. 1910—1913. *Principia Mathematica*. 3 vols. Cambridge: Cambridge University Press, 1910, 1912, 1913.

Rüstow, Alexander. 1910. *Der Lügner: Theorie, Geschichte, und Auflösung*. Leipzig: B. G. Teubner.

Ryle, Gilbert. 1961. *Dilemmas*. Cambridge: Cambridge University Press.

Sainsbury, Richard Mark. 1988. *Paradoxes*. Cambridge: Cambridge University Press.

Salmon, Wesley C. 1970. *Zen's Paradoxes*. Indianapolis: Bobbes-Merrill.

Saperstein, Milton R. 1966. *Paradoxes of Everyday Life*. New Haven, CT: Fawcett.

Schilder, Klaas. 1933. *Zur Begriffsgeschichte des Paradoxons: mist besonderer Berücksichtung Calvins und des nach-kierkegaardschen Paradoxon*. Kampen: J. H. Kok.

Schröer, Henning. 1960. *Die Denkform der Paradoxalität als theologisches Problem*. Göttingen: Vandenhoeck and Ruprecht.

Scriven, Michael. 1951. Paradoxical Announcements. *Mind*, vol. 60, pp. 403−407.

Skyrms, Brian. 1970. Return of the Liar: Three-Valued Logic and the

Concept of Truth. *American Philosophical Quarterly*, vol. 7, pp. 153−161.

Slaatte, Howard A. 1968. *The Pertinence of the Paradox: The Dialectics of Reason-in-Existence*. New York: Humanities.

Smullyan, Raymond M. 1978. *This Book Needs No Title*. Englewood Cliffs: Prentice-Hall.

——. 1978. *What Is the Name of This Book?* Englewood Cliffs: Prentice-Hall.

Stalker, Douglas, ed. 1999. *Grue!: The New Riddle of Induction*. Chicago: Open Court.

Stenius, Eric. 1949. Das Problem der Logischen Antinomien. *Societas Scientarium Fennica, Commentationes Physico-Mathematicae*, vol. 14.

Strawson, P. F. 1967. Paradoxes, Posits, and Preposition. *Philosophical Review*, vol. 76, pp. 214−229.

Stroll, Avrum. 1954. Is Everyday Language Inconsistent? *Mind*, vol. 63, pp. 219−225.

Tarski, Alfred. 1956. *Logic, Semantics, Metamathematics*. Translated by J. H. Woodger. Oxford: Oxford University Press.

Thines, Georges. 1974. *L'aporie*. Brussels: Leclerc.

Thompson, M. H. , Jr. 1949. The Logical Paradoxes and Peirce's Semiotic. *Journal of Philosophy*, vol. 46, pp. 513−536.

Toms, E. 1952. The Reflexive Paradoxes. *Philosophical Review*, vol. 61, pp. 557−567.

Urbach, B. 1910. Über das Wesen der logischen Paradoxa. *Zeitschrift für Philosophie und Philosophische Kritik*, vol. 140, pp. 81−108.

——. 1927—28. Das Logische Paradoxon. *Annalen der Philosophie und philosophische Kritik*, vol. 6, pp. 161−176 and 265−273.

Urquhart, W. S. 1942. Paradox in Religious Thought. *The Contemporary Review*, vol. 161 (April).

Vailati, G. 1904. Sur une classe remarquable de raisonnements par réduction à l'absurde. *Revue de Métaphysique*, vol. 12, pp. 799−809.

288

van Fraassen, B. C. 1968. Presupposition, Implication, and Self-Reference. *Journal of Philosophy*, vol. 65, pp. 136−152.

Venning, Ralph. 1657. *Orthodox Paradoxes: Theoreticall and Experimentall*. London: J. Rothwell.

Visser, Albert. 1989. Semantics and the Liar Paradox. *Handbook of Philosophical Logic*, vol. IV. Dordrecht: Reidel, pp. 617−706. ［具有大量的参考书目。］

von Wright, G. H., 1974. The Heterological Paradox. *Societas Scientarium Fennica, Commentationes physico-mathematicae*, vol. 24.

Vredenduin, P. G. J. 1937—38. De Paradoxen. *Algemeen Nederlands tijdschrift voor wijsbegeerte en psychologie*, vol. 31, pp. 191−200.

Walton, Douglas N. 1991. *Begging the Question*. Westpoint CT: Greenwood.

Weidemann, Hermann. 1980. Ansätze zu einer Logik des Wissens bei Walter Burleigh. *Archiv für Geschichte der Philosophie*, vol. 61, pp. 32−45.

Weiss, Paul. 1952. The Prediction Paradox. *Mind*, vol. 61 (April), pp. 265−269.

Wolgast, E. H. 1977. *Paradoxes of Knowledge*. Ithaca: Cornell University Press.

Wormell, C. P. 1958. On the Paradoxes of Self-Reference. *Mind*, vol. 67, pp. 267−271.

Wyclif, John. 1986. *Johannis Wyclif Summa Insolubilium*. P. V. Spade and G. A. Wilson, eds. Binghamton: Medieval and Renaissance Texts and Studies, vol. 41.

索　引

译后记

本书出版得益于陈波、张建军两位老师与中国人民大学出版社组织策划的"悖论研究译丛"翻译计划。由于杂事太多及拖延症作祟，从签约到交稿拖了太长时间，在此深表歉意！同时也非常感谢杨宗元与张杰两位编辑老师的耐心与包容。

关于本书的翻译，有两点要说明一下。

首先，本书的英文版中有一些明显的错误（比如"than"写成"then"），我们在翻译的时候做了订正。另外，有个别语句为了便于理解，我们加了译者注。

其次，关于"truth"这个词的翻译。"truth"在英文中是一个词，但在中文的不同语境中，可能会把它翻译为"真"或"真理"。前者对应的是"真"这个词或者句子的"语义值"，后者对应的是所谓的"客观事实"。

本书翻译由徐召清副教授和本人共同完成。徐召清负责翻译：序言，相关悖论词条，符号、术语和原则，以及第一、五、六、十一、十二章和索引。本人负责翻译：第二至四章、第七至十章、第十三章，以及参考文献。

张建军老师阅读过本书的初稿，提出了一些中肯的建议，尤其是一些术语的翻译得到了张老师的指点。比如，在张老师建议下，"plausibility"译为"可信性"，"viable"译为"可存活的"以区别于"可行的"（feasible，实际可计算的）和"能行性"（effective，理论可计算的）。在翻译赫伯特的诗句时，有请教过四川大学哲学系的梁中和老师。在翻译关于普罗泰戈拉的拉丁语引文时，有请教过徐召清的本科室友张小星。徐召清的两位学生郝建宇和王月儿帮助阅读过部分初稿，提出若干修改意见。另外，董琼博士在译稿格式上做出了贡献。在此一并致谢！

译稿的最后完成，还受到国家留学基金委公派访问学者项目（201806245025）和四川大学创新火花重点项目（2018hhs-50）的资助，特此致谢！

翻译作品是一件残缺的艺术品。虽然译者尽了自己最大的努力，试图做到"信、达、雅"，但是由于语言差异及能力所限，很难做到尽善尽美。学术著作翻译以"信"为第一要务，能够做到"信、达、雅"兼顾最好，无法做到"雅"的时候，尽量做到"达"，不能做到"达"的时候，尽量做到"信"。当然，即便如此也难免会出现一些翻译不好甚至不对的地方（这是一个译后记悖论吗?）。在此谨表歉意并郑重声明：本书最后统稿由本人完成，一切翻译问题都由本人负责。

赵震

2020 年 4 月 11 日

悖论研究译丛

主编　陈波　张建军

10 个道德悖论

［以］索尔·史密兰斯基（Saul Smilansky）/ 著　王习胜 / 译

信念悖论与策略合理性

［美］罗伯特·C. 孔斯（Robert C. Koons）/ 著　张建军 等 / 译

悖论（第 3 版）

［英］R. M. 塞恩斯伯里（R. M. Sainsbury）/ 著　刘叶涛　雒自新　冯立荣 / 译

悖论：根源、范围及其消解

［美］尼古拉斯·雷歇尔（Nicholas Rescher）/ 著　赵震　徐召清 / 译

图书在版编目（CIP）数据

悖论：根源、范围及其消解／（美）尼古拉斯·雷
歇尔（Nicholas Rescher）著；赵震，徐召清译. --北
京：中国人民大学出版社，2021.1
（悖论研究译丛／陈波，张建军主编）
ISBN 978-7-300-28869-7

Ⅰ．①悖… Ⅱ．①尼… ②赵… ③徐… Ⅲ．①逻辑学
-关系-悖论-研究 Ⅳ．①B81-05

中国版本图书馆 CIP 数据核字（2021）第 016386 号

悖论研究译丛
主编　陈波　张建军
悖论：根源、范围及其消解
［美］尼古拉斯·雷歇尔（Nicholas Rescher）著
赵震　徐召清 译
BEILUN：GENYUAN、FANWEI JI QI XIAOJIE

出版发行	中国人民大学出版社		
社　　址	北京中关村大街 31 号	邮政编码	100080
电　　话	010－62511242（总编室）	010－62511770（质管部）	
	010－82501766（邮购部）	010－62514148（门市部）	
	010－62515195（发行公司）	010－62515275（盗版举报）	
网　　址	http://www. crup. com. cn		
经　　销	新华书店		
印　　刷	北京联兴盛业印刷服务有限公司		
规　　格	160 mm×230 mm　16 开本	版　次	2021 年 1 月第 1 版
印　　张	19 插页 2	印　次	2021 年 1 月第 1 次印刷
字　　数	266 000	定　价	78.00 元